"十四五"职业教育国家规

LiteOS 应用开发实践教程

吴冬燕　朱祥贤　主　编
许燕萍　石红梅　副主编

电子工业出版社
Publishing House of Electronics Industry
北京·BEIJING

内 容 简 介

本书从华为技术有限公司开发的 LiteOS 系统应用技术层面出发，根据当前高职教育改革要求，采用项目化形式编写，主要内容包括：STM32 微控制器介绍、认识 LiteOS、LiteOS 系统的移植与调试、基于 LiteOS 的流水灯设计、基于 LiteOS 的数码动态显示设计、基于 LiteOS 的按键中断设计、基于 LiteOS 的矩阵键盘设计、基于 LiteOS 的 OLED 液晶屏显示设计、基于 LiteOS 的串口通信设计、基于 LiteOS 的 ADC 模块转换与配置、基于 LiteOS 的 GPS 模块通信设计、基于 LiteOS 的迪文屏显示设计。本书注重学生技能训练，通过 12 个项目开展教学，每个教学环节包括教学导航、知识准备、任务实训、思考题，将理论知识贯穿于项目教学中，项目内容由易到难、规模由小到大、程序完整、知识全面，具有很强的简洁性、清晰性、操作性和可读性。本书配有教学网站、电子教学课件、习题参考答案等。

本书可作为电子信息工程、物联网技术、计算机技术、嵌入式技术、智能产品开发等专业教材，也可作为相关爱好者的读本。

图书在版编目（CIP）数据

LiteOS 应用开发实践教程 / 吴冬燕，朱祥贤主编. —北京：电子工业出版社，2021.6

ISBN 978-7-121-37602-3

Ⅰ．①L…　Ⅱ．①吴…　②朱…　Ⅲ．①互联网络—应用—操作系统—高等学校—教材　②智能技术—应用—操作系统—高等学校—教材　Ⅳ．①TP316

中国版本图书馆 CIP 数据核字（2019）第 219777 号

责任编辑：贺志洪

印　　刷：北京七彩京通数码快印有限公司

装　　订：北京七彩京通数码快印有限公司

出版发行：电子工业出版社

　　　　　北京市海淀区万寿路 173 信箱　邮编 100036

开　　本：787×1092　1/16　印张：12　字数：313.6 千字

版　　次：2021 年 6 月第 1 版

印　　次：2025 年 2 月第 4 次印刷

定　　价：37.00 元

凡所购买电子工业出版社图书有缺损问题，请向购买书店调换。若书店售缺，请与本社发行部联系，联系及邮购电话：（010）88254888，88258888。

质量投诉请发邮件至 zlts@phei.com.cn，盗版侵权举报请发邮件至 dbqq@phei.com.cn。

本书咨询联系方式：（010）88254609，hzh@phei.com.cn。

前　言

　　Huawei LiteOS 是华为技术有限公司面向 IoT 领域构建的"统一物联网操作系统和中间件软件平台"。LiteOS 以一个轻量级、低功耗、快速启动内核为基础，增加了 N 个框架：支持多传感协同，使得终端数据采集更智能，数据处理更精准；通过支持长短距连接，实现全连接覆盖，提供多 Profile 支持与共享，支撑更多业务场景，同时可伸缩连接能力有显著提升；为开发者提供设备智能化使能平台，有效降低开发门槛，缩短开发周期。

　　本书遵循"以全面素质为基础、以能力为本位、以学生为主体"的职教改革思路，结合物联网技术应用的特点，通过"任务驱动式"教学模式来体现知识、能力目标及教学方法、手段、模式的改革。本书从高职教育技能培养的角度出发，以新技术应用为主线，特别注重实践应用，以培养学生嵌入式技术应用能力为目标，采用任务驱动、工学结合的学习方式，通过典型的实践项目形式，使知识内容更贴近岗位技能的需要。

　　随着窄带物联网技术应用的快速发展，亟需大量高素质高技能人才。高等职业院校是培养高技能人才的主阵地，我们有责任及时调整专业人才培养方案，适时做好与窄带物联网技术产业发展的对接。正是在这样的背景下，根据物联网嵌入式系统技术应用要求及高职学生学习特点，结合当前物联网技术及终端开发技术的发展，并考虑到企业技术背景和规模，我们最终选择了 LiteOS，它具备应用范围广、适用性强、可复制等特点。全书包含STM32 微控制器介绍、认识 LiteOS、LiteOS 系统的移植与调试、基于 LiteOS 的流水灯设计、基于 LiteOS 的数码动态显示设计、基于 LiteOS 的按键中断设计、基于 LiteOS 的矩阵键盘设计、基于 LiteOS 的 OLED 液晶屏显示设计、基于 LiteOS 的串口通信设计、基于 LiteOS 的 ADC 模块转换与配置、基于 LiteOS 的 GPS 模块通信设计、基于 LiteOS 的迪文屏显示设计 12 个项目。

　　本书主要由苏州工业职业技术学院的吴冬燕、朱祥贤、许燕萍、石红梅老师，苏州信息职业技术学院的张艳老师，深圳讯方技术科技股份有限公司的贾理淳等共同编写完成。因时间仓促及编者水平有限，书中肯定还存在一些不足和缺点，欢迎读者批评指正。联系方式：吴冬燕 wudy@siit.edu.cn，朱祥贤 zhuxx@siit.edu.cn。

编　者

2021 年 2 月

目 录

教学导航

STM32 系列微控制器使用的是 ARM 公司提供的内核架构，专门为高性能、低功耗、高实时性、高性价比的嵌入式领域服务。该系列微控制器给使用者带来极大的便利和前所未有的自由空间，在结合上述优点的前提下，还具有高集成度和易于开发的优势。

本项目通过对 STM32 微控制器的介绍，为后面与 NB 模块的通信及行业应用打下基础，内容主要包括：简单介绍 ARM 内核，以及所用芯片的外部资源，如何安装开发环境，通用外设（GPIO、TIM、USART）的基本操作。

在本项目结束后，读者会对 STM32F411 微控制器有一定的认识，对于其内核处理机制、寄存器的使用、库函数的应用，以及外设的基本操作都能有一定程度的掌握，从而在以后接触 STM32 系列微控制器时，会有知识积淀，让学习周期变得更短。

知识目标	1. 了解 ARM 架构的发展历程 2. 熟悉 ARM 内核设计微控制器的性能特点 3. 熟悉 STM32F411 微控制器的功能分析与外设 4. 掌握 STM32 微控制器的 I/O 配置方法 5. 掌握 STM32 微控制器的通用外设寄存器的配置 6. 掌握 STM32 微控制器的串口调试
能力目标	1. 会进行 IDE（集成开发环境）的搭建与新建工程 2. 会操作 STM32F411 的 I/O 口点亮 LED 灯 3. 会操作 STM32F411 的定时器控制 LED 灯定时闪烁 4. 会操作 STM32F411 通过串口打印信息至串口助手
重点、难点	1. STM32F411 的基本寄存器配置 2. STM32F411 的定时器寄存器配置、时钟分析 3. STM32F411 的串口寄存器配置、NVIC 优先级配置
推荐教学方式	从 ARM 架构的发展例程到意法半导体的二次开发设计，层层递进。从认知到动手实践，提高学生对 STM32 系列芯片的认识，引导学生对寄存器的配置建立牢固的知识框架，通过源码分析，使学生能独自完成对 STM32F411 微控制器的代码编写，促进学生理解其架构的设计原理，吸收优秀的编程思想，提高自身的创新水平
推荐学习方式	由浅入深地认真分析 STM32 微控制器架构与外设设计，充分理解其设计方案；建立牢固的寄存器配置框架，通过借鉴示例代码，充分吸收其编程思想，做到为我所用；要亲手练习其示例代码，步步为营，学会程序移植与创新

知识准备

1.1　说一说 ARM Cortex-M4 内核

本任务旨在简单地介绍一下 ARM 内核，如果对该内核有更多兴趣，可以搜索相关资料。

1. ARM 的追本溯源

20 世纪 80 年代中期，Acorn 及其团队接受了一个挑战，为他们的下一代计算机挑选合适的处理器，在经过一系列的摸索后，无法找到符合他们要求的产品，于是决定自己设计处理器，也就是当时第一代 32 位、6MHz 的处理器，并用它开发了一台精简指令集计算机（RISC），简称 ARM（Acorn RISC Machine），这就是 ARM 这个名字的由来。

20 世纪 90 年代，Acorn 公司正式重组为 ARM 计算机公司，由苹果、VLSI 及 Acorn 本人及 12 名工程师入股。ARM 32 位嵌入式处理器成为低功耗、高性能、低成本嵌入式市场领域的领头者。

ARM 公司不生产芯片，也不销售芯片，它只出售芯片技术授权。

2. Cortex-M4 基础

ARM 公司出售芯片技术授权，可以通俗地理解为：ARM 公司是一个房子的结构设计师，设计好一个房子的结构后（架构），在这个结构上设计出一个单间的款式（内核），而那些芯片厂商，就买 ARM 公司提供的图纸去设计这个房子，假设那些芯片厂商觉得一个单间不够，还提出一些诸如厨房、院子的需求，ARM 公司就继续设计厨房和院子，这个带厨房和院子的豪华单间，就是一个新的基于这个架构的内核。而架构的更新换代，就体现在房子结构的不同上，比如平房结构（ARMv5）、大厦结构（ARMv6）、别墅结构（ARMv7）等。

ARM 有众多架构，如 ARMv5、ARMv6、ARMv7-M、ARMv7-A、ARMv7-R 等，从 ARMv7 开始，架构有 3 个分支：ARMv7-M、ARMv7-A、ARMv7-R，其侧重点都不一样，ARMv7-A 侧重于运行复杂应用程序的处理器，ARMv7-R 侧重于硬实时且高性能的处理器，ARMv7-M 侧重于低成本、低功耗、高嵌入的实时系统。

在早期，ARM 都是以数字后添加字母后缀来命名的，例如，ARM7TDMI 就是一款基于 ARMv7 架构的处理器，T 代表支持 Thumb 指令集，D 代表支持 JTAG 调试，M 代表快速乘法器，I 则对应于一个嵌入式 ICE 模块。后来，基本所有的新产品都具有这 4 项功能，于是 ARM 就不使用这 4 个字母后缀了，但依然有其他一些新的字母后缀加入。但从 ARMv7 开始，后续基于那些架构开发的处理器就统一称为 Cortex。

Cortex-Mx 系列主要包括 Cortex-M0、Cortex-M3、Cortex-M4、Cortex-M7，本书主要采用的微控制器 STM32F411VE 就是基于 Cortex-M4 处理器的产物。

Cortex-M4 处理器基于 ARMv7-M 架构，发布时，架构中又额外增加了新的指令和特性，改进后的架构也被称为 ARMv7E-M。该处理器集成了 32 位控制器和领先的数字信号处理技术，采用一个扩展的单时钟周期乘法累加单元、优化的单指令多数据指令、饱和运算指令和一个可选的单精度浮点单元。

3. Cortex-M4 处理器的优点

该内核由于具有如下几个优点，正是这些优点一直支撑着该系列产品成为行业的标杆：

性能强劲、实时性好、功耗低、代码密度有很大的改善、使用极其方便、低成本的整体解决方案、具有各种优秀的开发环境。

4. Cortex-M4 处理器指令系统简介

ARM 处理器有两个指令集：ARM 指令和 Thumb 指令，也对应两种状态：ARM 状态和 Thumb 状态。从功能上来说，Thumb 指令集是 ARM 指令集的一个子集。

Thumb 指令集的问世，是从 ARMv4T 架构开始的，那时候只支持 16 位指令，ARM 指令集是 32 位的。后来到了 ARMv6 架构，优化后的 Thumb-2 指令集出现在人们面前，它是 Thumb 指令集的超集，同时支持 16 位和 32 位指令。

Thumb-2 是一个突破性的指令集，非常强大、易用、高效。它是 16 位 Thumb 指令集的超集。在 Thumb-2 中，16 位指令首次与 32 位指令并存，使得在 Thumb 状态下可以做的事情变得丰富很多，需要的指令周期数也明显缩短。

从 ARM 提供的 M4 权威指南中可以看出，Cortex-M4 处理器抛弃了 ARM 指令集，全都是 Thumb 指令集。

5. Cortex-M4 处理器适用领域

Cortex-M4 处理器适用领域有：汽车电子、低成本的单片机应用、消费类电子、工业控制、数据通信领域。

任务实训

实训内容：使用 STM32 工具进行芯片的选择，新建工程，操作步骤如下。

步骤 1：新建工程（STM32CubeMX 工具），如图 1-1 所示。

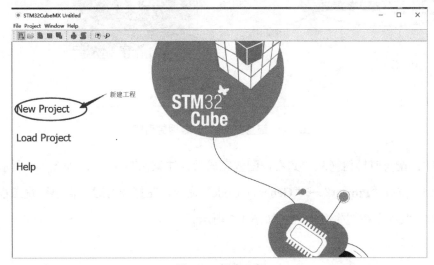

图 1-1　新建工程

步骤2：选择芯片的型号，如图1-2所示。

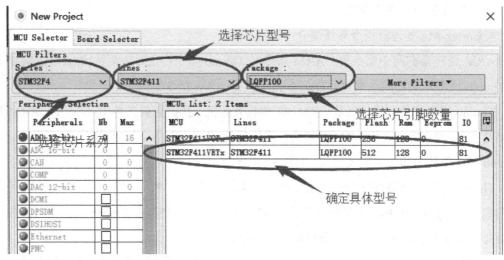

图1-2　选择芯片型号

步骤3：配置并使能RCC时钟引脚，如图1-3所示。

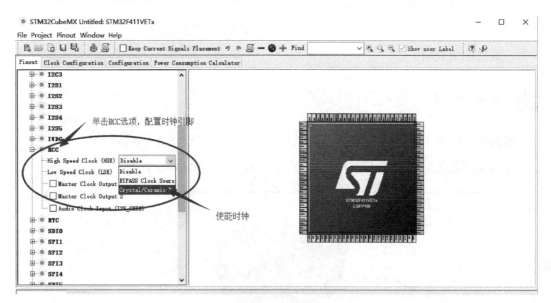

图1-3　配置并使能RCC时钟引脚

步骤4：配置时钟树（从左到右，配置完成后请注意保存配置），如图1-4所示。

步骤5：选择"Project"→"Generate Code"命令，在打开的对话框中设置工程名称等参数，单击"OK"按钮生成工程，如图1-5所示。

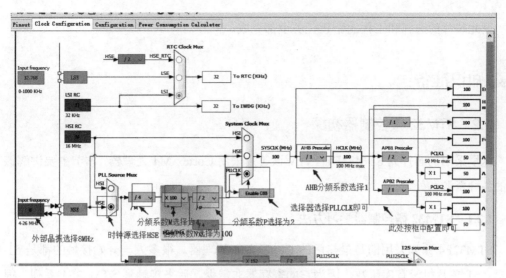

图 1-4　配置时钟树

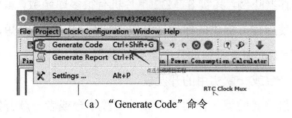

（a）"Generate Code" 命令

图 1-5　生成工程操作

（b）生成工程

至此芯片的选择和工程的新建任务全部完成。

 **知识准备**

1.2　STM32微控制器初探

这里采用的芯片为STM32F411VE，该芯片采用Cortex-M4处理器，本节主要讲解该芯片的各种资源和外设。

1.2.1　STM32微控制器学习方法

STM32F4系列采用的是最热门的Cortex-M4处理器。很多人一开始接触的都是51单片机，51单片机没有库函数，因为它的寄存器非常少。后来接触到STM32F4系列，很多人被它如此之多的寄存器吓倒，其实STM32单片机有很多库函数，虽然也可以使用直接操作寄存器的方式，但使用官方提供的库会让开发周期和维护时间变短，而且利于二次开发升级，所以下面总结STM32F4系列的几个重要的学习方法。

1. 一个硬件实验平台或一款实用的开发板

学习一款芯片，最重要的就是需要一个硬件实验平台或者一款开发板，前者继承了开发板和各种实用的基础外设、传感器、应用场景等；后者则比较简单方便，可随身携带，小巧。不管是哪种方式，学习STM32F4系列都必须是其中的一个。

2. 几个重要的官方提供的参考资料

官方提供的资料永远是最权威的、经过验证的，经典的参考书籍或资料有：《ARM Cortex-M3与Cortex-M4权威指南》《STM32F4xx中文参考手册》《STM32F3与F4系列Cortex-M4内核编程手册》，以及本书中所讲芯片STM32F411VE的 *datasheet*，其中《ARM Cortex-M3与Cortex-M4权威指南》讲解了Cortex-M4系列处理器的底层原理，《STM32F4xx中文参考手册》讲解了STM32F4xx系列的各种基础外设和资源及寄存器等，《STM32F3与F4系列Cortex-M4内核编程手册》比较难以理解，对于Cortex-M4内核不感兴趣的人可以不看，*datasheet* 是对应于每一款芯片的，讲解了它们自身的特性和资源。

3. 注重实践，勤敲代码

在有了上面所说的准备工作后，接下来就是代码部分了。代码只能通过练习来提升，以及多看一些示例代码，并从中学习优秀代码编写风格，以及如何优化代码、精简代码等。

4. 扩展外设，且至少学习一种操作系统

STM32F4系列的资源非常丰富，可用的外设非常多，且可扩展，可外接 SRAM、SD

卡，以及网络通信等。

操作系统在嵌入式开发中是必不可少的，所有嵌入式开发人员都必须至少熟练操作一种系统，例如 FreeRTOS、LiteOS 等。

1.2.2 芯片描述

STM32F411xE 基于高性能的 Cortex-M4 32-RISC（精简指令集）内核，工作频率高达 100MHz，它与 Cortex-M3 最大的不同就是具有一个单精度的浮点单元（FPU），支持所有 ARM 单精度数据处理指令和数据类型。它还实现了一整套 DSP 指令和一个内存保护单元（MPU），可增强应用程序的安全性。

STM32F411xE 集成了高速嵌入式存储器、高达 512KB 的闪存、128KB 的 SRAM，以及连接到两条 APB 总线、两条 AHB 总线和一个 32 位多层 AHB 总线矩阵的各种增强型 I/O 和外设。

外设包括一个 12 位 ADC、一个低功耗 RTC、6 个通用 16 位定时器、两个通用 32 位定时器及其他标准和高级通信接口，比如 3 个 I^2C、5 个 SPI、5 个 I^2S、3 个 USART、一个 SDIO 接口、一个 USB2.0 OTG 全速接口等。

工作温度范围为−40～+125℃，电压范围为 1.7～3.6V，以及提供一套全面的省电模式，方便开发低功耗应用。

1.2.3 总线架构

相比于 51 单片机，STM32F411 的总线架构复杂且强大得多。总线矩阵的架构图如图 1-6 所示，这是从 STM32F411xC/xE 的芯片手册中截取的，如需了解更多相关信息，可参阅《STM32F4xx 中文参考手册》。

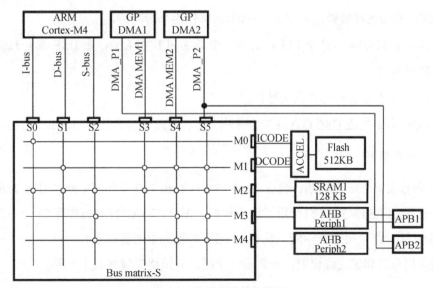

图 1-6 总线矩阵的架构图

从图 1-6 可以看出，主系统由这个 32 位的多层 AHB 总线矩阵构成，用于主控总线之间的访问仲裁管理。总线矩阵可实现以下部分互联。

（1）主控总线：Cortex-M4 主控总线（I-bus、D-bus、S-bus）、DMA1 存储总线、DMA2 存储总线。

（2）被控总线：内部 Flash 总线（ICODE、DCODE）、SRAM1（128KB）、AHB Periph1 外设和 AHB Periph2 外设。

1.2.4　时钟系统

就像人的心跳，时钟系统是 CPU 的脉搏，所以学习时钟系统对于学习 STM32 的重要性不言而喻。之前学习的 51 单片机只有一个系统时钟，但 STM32 却有很多个时钟源，还有高速率外设和低速率外设，需要的时钟源不同。

图 1-7 所示的时钟树是从《STM32F4xx 中文参考手册》中截取的时钟树图。从图中可以看出，STM32F4 有 5 个重要的时钟源：HSI、HSE、LSI、LSE、PLL。按时钟频率可分为高速和低速时钟源，HSI、HSE 及 PLL 是高速的，LSI 和 LSE 是低速的。按来源可分为外部和内部时钟源，外部时钟源由所连的外部晶振提供，HSE 和 LSE 是外部时钟源，HSI、LSI、PLL 是内部时钟源。

下面主要介绍下这 5 个时钟源。

① LSI：低速内部时钟，频率为 32kHz，一般为独立看门狗和自动唤醒单元使用。

② LSE：低速外部时钟，频率为 32.768kHz，主要供 RTC 使用。

③ HSE：高速外部时钟，频率范围为 4～26MHz，可作为系统时钟。

④ HSI：高速内部时钟，频率为 16MHz，可作为系统时钟。

⑤ PLL：STM32F4 有两个 PLL，其中一个是主 PLL（PLL），由 HSE 或者 HSI 提供，它有两个输出时钟。

● PLLP：用于生成高速的系统时钟。

● PLLQ：用于生成 USB OTG FS 的时钟、随机数发生器的时钟和 SDIO 时钟。

1.2.5　中断管理

CM4 内核支持 256 个中断，包含 16 个内核中断和 240 个外部中断，且有 256 级的可编程中断设置。但 STM32F4 只使用了该内核的一部分，STM32F411xE 有 92 个中断，包括 10 个内核中断、82 个可屏蔽中断，具有 16 级可编程的中断优先级。

中断采用分组和优先级设置，一共有 5 个组，分组优先级如表 1-1 所示。

3.　时钟树

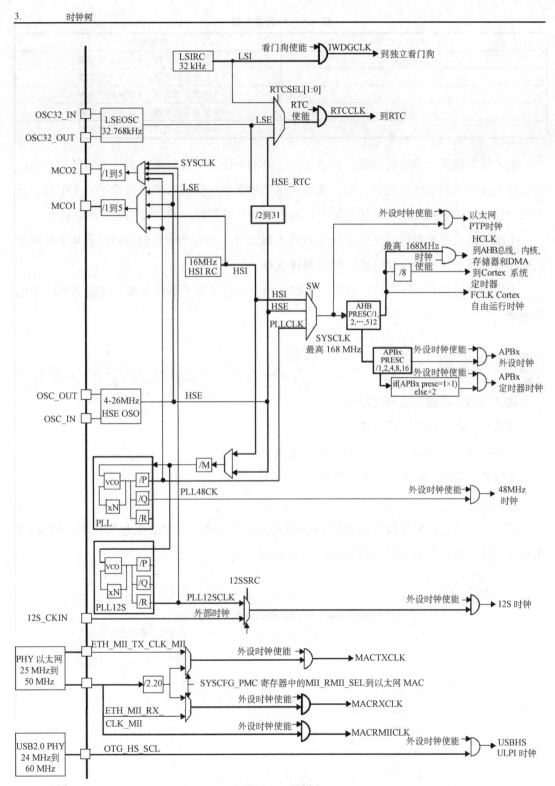

图 1-7　时钟树

表1-1　分组优先级

分组	分配结果
0	0 位抢占优先级，4 位响应优先级
1	1 位抢占优先级，3 位响应优先级
2	2 位抢占优先级，2 位响应优先级
3	3 位抢占优先级，1 位响应优先级
4	4 位抢占优先级，0 位响应优先级

抢占优先级高于响应优先级，抢占优先级高的中断，可以打断抢占优先级低的中断；抢占优先级相同的中断不能被打断，需要等这个中断执行完成后才会执行下一个中断；而当两个抢占优先级相同，响应优先级不同的中断同时发生时，响应优先级高的先执行。

中断向量表用来存储每个中断发生时的入口地址，当一个中断触发时，会从中断向量表中找到中断子函数的入口地址，然后跳转执行。

设置中断主要有以下三步：设置中断优先级分组；设置中断优先级；使能 NVIC 中的该中断。

任务实训

实训内容：搭建实训开发环境。

步骤 1：安装 IAR 开发工具

找到软件工具下的 IAR 安装包进行安装与注册即可。

步骤 2：打开、编译、调试和下载。

1. 打开工程

打开一个工程，将工程空间文件 Template.eww 图标拖动到 IAR 工程文件中，如图 1-8 所示（或者直接将工程空间文件拖动到 IAR 快捷方式上）。

图 1-8　打开工程

2. 编译工程

按照如图 1-9 所示编译工程。

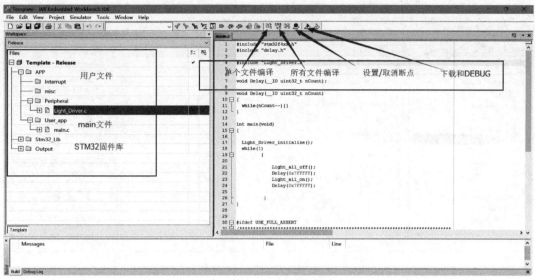

图 1-9　编译工程

3. 下载与调试

选择仿真器：依次选择"Project"→"Options"→"Debugger"→"Setup"命令，在打开的对话框中"Driver"选择"ST-LINK"仿真器，如图 1-10 所示。

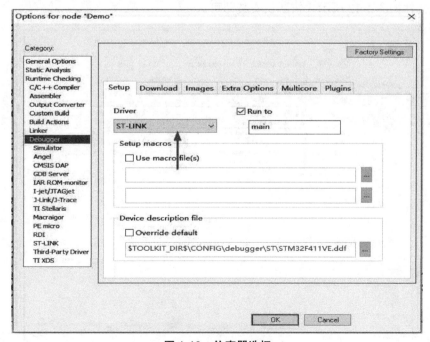

图 1-10　仿真器选择

　　USB 转串口线一端连接到 PC 端 USB 接口，另外一端连接实训板的下载口，单击"下载与 DEBUG"按钮，进入调试界面如图 1-11 所示。

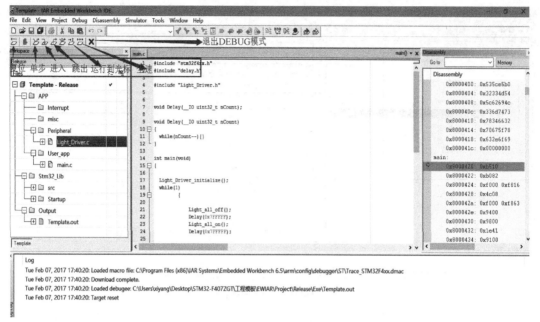

图 1-11　下载调试

步骤 3：ST-LINK 驱动安装

安装文件如图 1-12 所示，按默认安装即可。

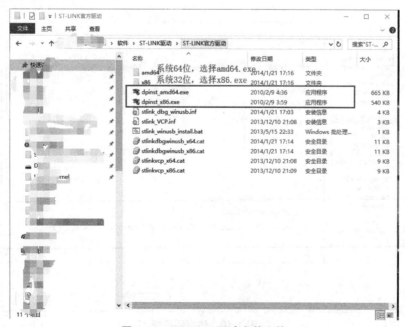

图 1-12　ST-LINK 驱动安装文件

步骤 4：XCOM 调试助手

安装 XCOM 调试助手，安装文件如图 1-13 所示，直接单击安装即可。

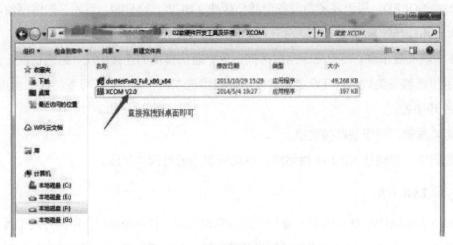

图 1-13　XCOM 调试助手安装文件

 **知识准备**

1.3　硬件实验平台与开发环境搭建操作

本节主要讲解硬件实验平台和开发环境的搭建。

1.3.1　硬件实验平台介绍

本书实训使用的是一个实验箱，该实验箱包含了众多模块，为了让读者可以更加方便地开发 STM32F411VE 芯片及加深对 LiteOS 操作系统的了解，并对 NB-IOT 模块进行开发，我们准备了一套完整的硬件实验平台——物联网认证实验箱。

1.3.2　硬件实验平台资源

该实验箱有众多模块，能够满足读者开发 STM32 和 NB-IoT 及学习 LiteOS 的任何需求，其主要包括：

- NB-IoT 通信模块。可通过它获得网络时间及进行通信。
- 蓝牙模块，用于与手机蓝牙进行连接和数据通信，通过蓝牙连接手机获取手机时间。
- 7 个传感器模块，主要有温度、湿度、光敏、陀螺仪、红外体温、霍尔、电流。
- 射频模块，主要包括 13.56M 模块和 2.4G 模块。
- GPS，获取 UTC（世界统一时间）Data 和 UTC Time。

- 语音通话模块。5 寸屏上显示拨号界面，输入手机号后可进行拨号功能的演示及来电显示，接听后，进行语音通话。

- 2.4 寸 OLED，用于显示当前各个通信模块（BC95、eM300、蓝牙）的组网情况、信号强度、通信数据；在 NB-IoT 联网时自动同步当前时间并显示。

- 5 寸液晶显示屏，用于显示当前时间，各个通信模块的连接情况、组网情况、信号强度；显示传感器采集数据；可设定阈值自动控制步进电机和电子锁；可手动控制步进电机、电子锁的开和关。

- 矩阵按键，用于获取按键值。

- 数码管。当连接 NB-IoT 网络时，自动同步当前时间并显示。

1.3.3　IAR 介绍

IAR Embedded Workbench 是一套用于编译和调试嵌入式系统应用程序的开发工具，支持汇编、C 和 C++语言。它提供完整的集成开发环境，包括工程管理器、编辑器、编译链接工具和 C-SPY 调试器。IAR 以其高度优化的编译器而闻名。每个 C/C++编译器不仅包含一般全局性的优化，也包含针对特定芯片的低级优化，以充分利用所选芯片的所有特性，确保较小的代码尺寸。IAR 能够支持由不同的芯片制造商生产的，种类繁多的 8 位、16 位或 32 位芯片。

1.3.4　IAR 开发环境安装

进入 IAR 官网（www.iar.com），下载 IAR 开发环境的安装包。下载完后，双击安装包，出现 IAR 安装准备进度，如图 1-14 所示。

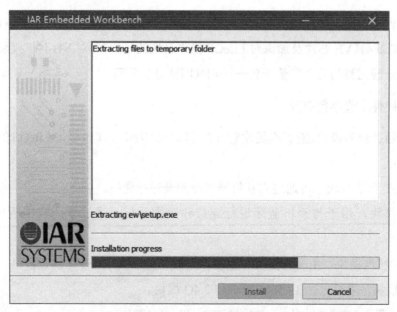

图 1-14　IAR 安装准备进度

等待进度条加载完，出现图 1-15 所示的安装向导，然后单击"Install IAR Embedded Workbench"。

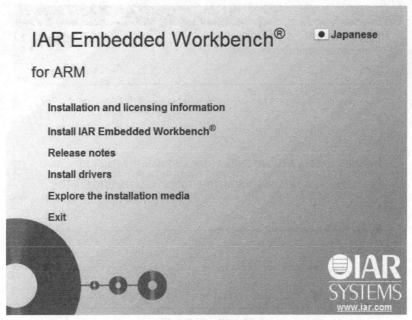

图 1-15　安装向导

开始安装，进入安装向导下一个页面，如图 1-16 所示，单击"Next"按钮。

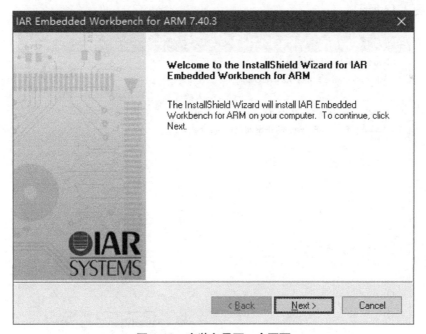

图 1-16　安装向导下一个页面

　　之后出现如图1-17所示画面，选择"I accept the terms of the license agreement"，然后单击"Next"按钮。

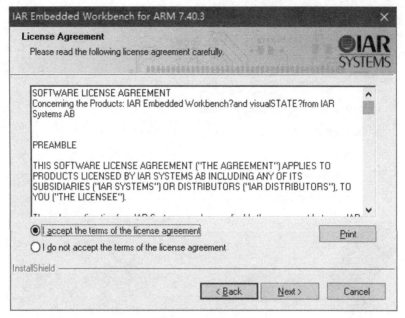

图1-17　同意许可

　　可以单击安装路径中的"Change"按钮来改变安装的路径，若不修改，则单击"Next"按钮，如图1-18所示。

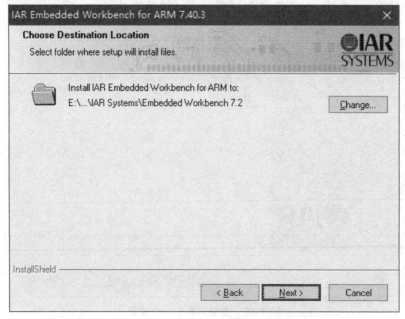

图1-18　安装路径

最后单击"Install"按钮，如图 1-19 所示，进行安装，出现图 1-20 所示安装进度，安装过程比较慢，耐心等待。

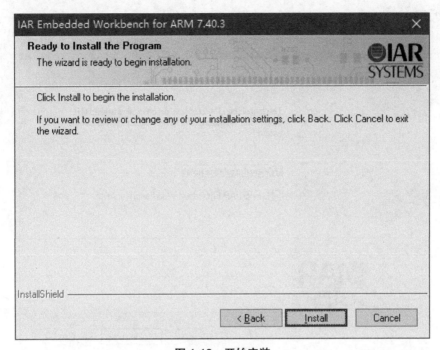

图 1-19 开始安装

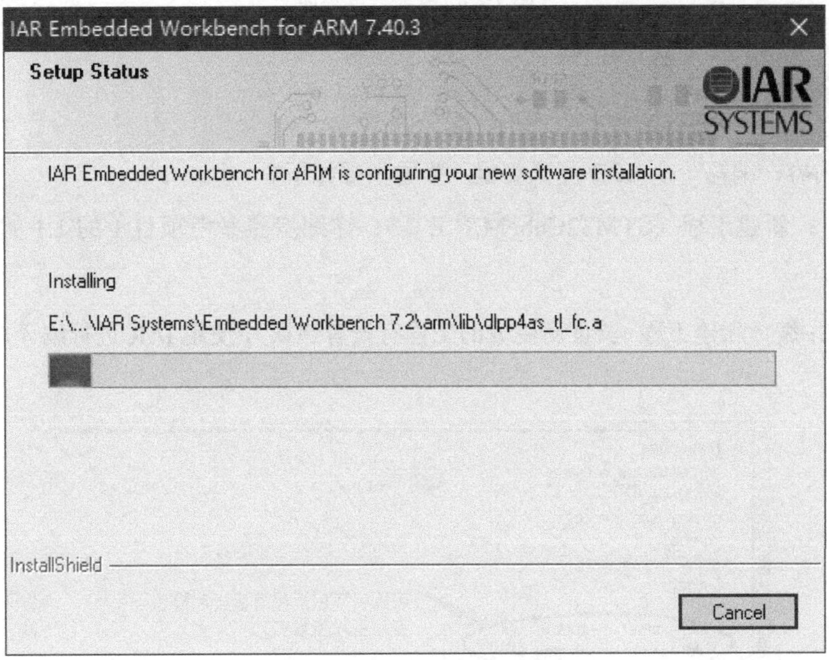

图 1-20 安装进度

当出现图 1-21 所示页面时，表示安装成功，单击"Finish"按钮。

安装完成后，会有很多驱动需要安装，按照提示，全部安装即可。这样，IAR 软件就安装成功了。

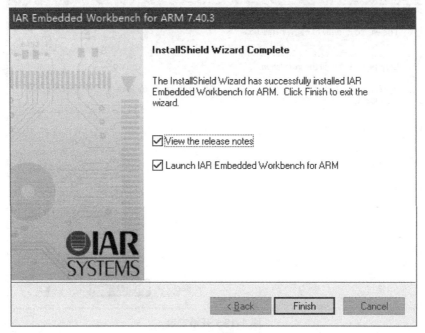

图 1-21　安装完成页面

任务实训

实训内容：编写一个 LED 测试实验，实验步骤如下。

步骤 1：新建工程（STM32CubeMX 工具），详细步骤参考项目 1 的 1.1 的任务实训内容。

步骤 2：编译新建工程（验证新生成的工程有没有错误），使用 IAR 进行编译，如图 1-22 所示。

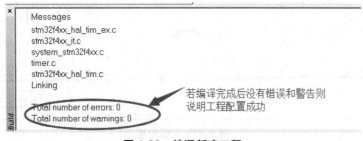

图 1-22　编译新建工程

步骤 3：移植外设驱动库（把成品的驱动库文件复制到新建工程的驱动目录下），如图 1-23 所示。

图 1-23　移植外设驱动库

步骤 4：在新建工程目录下的"Drivers"中右击并选择"Add Group"命令，生成 bsp 文件夹，如图 1-24 所示。

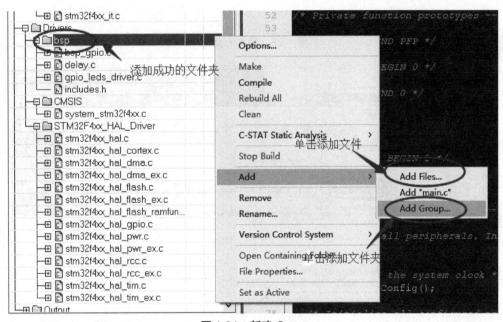

图 1-24　新建 Group

步骤 5：在 bsp 文件夹中添加.c 文件（成品的库函数，需要的库函数框起来），如图 1-25 所示。

步骤 6：添加驱动库的路径（找.h 文件），具体操作如图 1-26 所示。

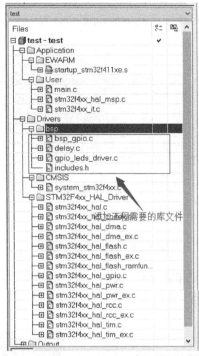

图 1-25　添加.c 文件

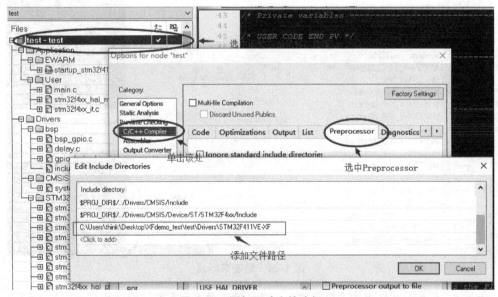

图 1-26　添加驱动库的路径

步骤 7：在 includes.h 下添加相关头文件（LED 灯），代码如下所示：

```
/*bsp*/
#include <delay.h>
#include <bsp_gpio.h>
#include <gpio_leds_driver.h>
```

步骤 8：在 main.c 下添加头文件#include <includes.h>，如图 1-27 所示。

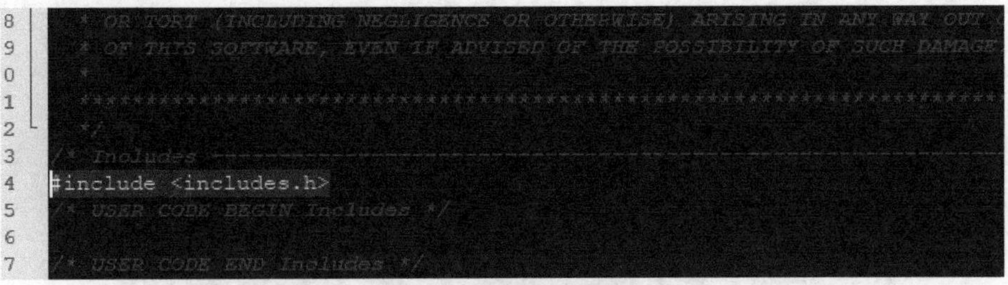

图 1-27　添加头文件

步骤 9：在 main 函数下添加初始化函数，如图 1-28 所示。

图 1-28　初始化函数

步骤 10：在 while (1)循环下添加 LED 灯流水功能相关代码，如图 1-29 所示。

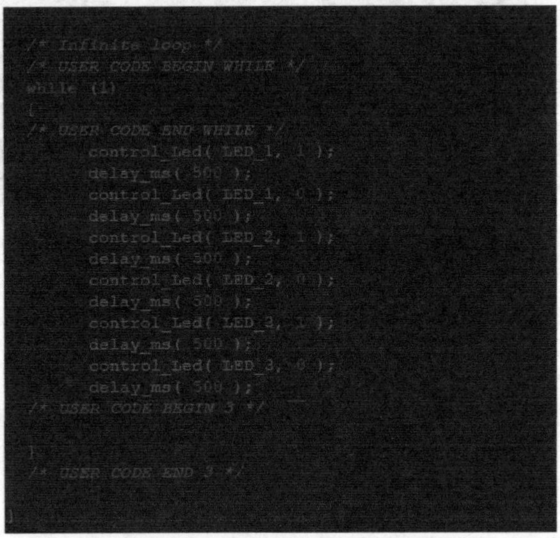

图 1-29　添加流水灯相关代码

步骤 11：下载程序验证，通过 ST-LINK 仿真器连接物联网认证实验箱，如图 1-30 所示。LED 测试实验效果如图 1-31 所示。

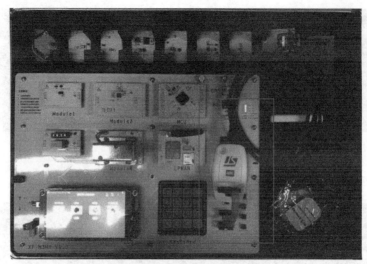

图 1-30　ST-LINK 仿真器连接

图 1-31　LED 测试效果图

 知识准备

1.4　STM32 I/O 口基本操作

这里要讲解 STM32F4 的 HAL 库，以及简单的 I/O 口基本操作。

1.4.1　STM32F4xx_HAL_Driver 简介

STM32F4 的 HAL 库文件组成如图 1-32 所示。

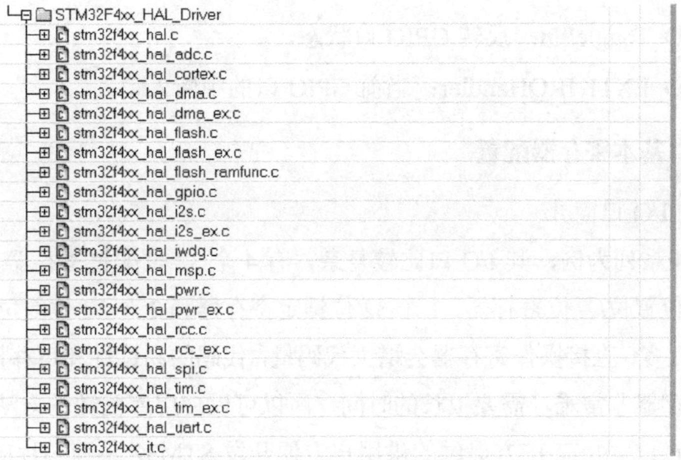

图 1-32   HAL 库文件组成

图 1-32 中每个 C 文件对应一个外设，每个外设可以调用底层接口，在与其对应的头文件中可以找到。

这里举个例子，假设我们需要使用一个 I/O 口作为电压输出驱动 LED 灯，那么可以调用 stm32f4xx_hal_gpio.h 中声明的接口，首先在编写的代码的最前面包含 stm32f4xx_hal_gpio.h，加入这个头文件表示用户可以使用所有接口，如图 1-33 所示。

```
/* Exported functions -----------------------------------------------------*/
/** @addtogroup GPIO_Exported_Functions
  * @{
  */

/** @addtogroup GPIO_Exported_Functions_Group1
  * @{
  */
/* Initialization and de-initialization functions *****************************/
void  HAL_GPIO_Init(GPIO_TypeDef  *GPIOx, GPIO_InitTypeDef *GPIO_Init);
void  HAL_GPIO_DeInit(GPIO_TypeDef  *GPIOx, uint32_t GPIO_Pin);
/**
  * @}
  */

/** @addtogroup GPIO_Exported_Functions_Group2
  * @{
  */
/* IO operation functions *****************************************************/
GPIO_PinState HAL_GPIO_ReadPin(GPIO_TypeDef* GPIOx, uint16_t GPIO_Pin);
void HAL_GPIO_WritePin(GPIO_TypeDef* GPIOx, uint16_t GPIO_Pin, GPIO_PinState PinState);
void HAL_GPIO_TogglePin(GPIO_TypeDef* GPIOx, uint16_t GPIO_Pin);
HAL_StatusTypeDef HAL_GPIO_LockPin(GPIO_TypeDef* GPIOx, uint16_t GPIO_Pin);
void HAL_GPIO_EXTI_IRQHandler(uint16_t GPIO_Pin);
void HAL_GPIO_EXTI_Callback(uint16_t GPIO_Pin);
```

图 1-33   用户使用接口

主要用到的几个函数的解释如下。

● HAL_GPIO_Init：用于 GPIO 口的初始化设置。

● HAL_GPIO_DeInit：用于复位 GPIO 口的设置。

● HAL_GPIO_ReadPin：读取所指定 GPIO 引脚的输入。

● HAL_GPIO_WritePin：写 GPIO 口，即指定 GPIO 口的输出状态。

● HAL_GPIO_TogglePin：反转 GPIO 口状态。

● HAL_GPIO_EXTI_IRQHandler：当前 GPIO 口的中断入口。

1.4.2   I/O 口基本寄存器配置

1. STM32 的 I/O 口简介

以 STM32F4 系列为例，其 I/O 口比较复杂，有 4 个 32 位配置寄存器、2 个 32 位数据转换器、1 个 32 位置位/复位寄存器、1 个 32 位锁定寄存器和 2 个 32 位复位功能选择寄存器等。由于寄存器太多，直接操作寄存器会增大代码量，代码的易读性和可移植性也都会降低，且要记住每个寄存器非常难，需要很长的时间，所以可以使用库函数的方法来配置 I/O 口。

STM32 库函数是由 ST 官方提供的供用户方便开发 STM32 系列芯片的一种库，或者称为底层接口。该接口极大限度地缩短了 STM32 芯片的开发周期，让本来性能和功耗就有优势的 STM32 系列芯片具有更广阔的使用群体。

STM32 的 I/O 口可由软件配置为如下 8 种模式中的任何一种：输入浮空、输入上拉、输入下拉、模拟输入、开漏输出、推挽输出、推挽式复用功能、开漏式复用功能。

配置一个 GPIO 口作为输出控制 LED 灯的基本步骤如下：

① 使能对应的 GPIO 口时钟。

② 定义结构体，并给结构体赋值。

③ 调用底层函数，把结构体的值传入，初始化 GPIO。

④ 复位当前 I/O 口状态。

经过如上几步，I/O 口就配置为输出状态，且初始化为需要的状态（输出高或者输出低）。

2. 寄存器简介

GPIO 口相关寄存器主要有 MODER、OTYPER、OSPEEDR、PUPDR、ODR、IDR、BSRR。

● MODER。该寄存器是 GPIO 口模式控制寄存器，用于控制 GPIOx 的工作模式，具体如图 1-34 所示。

位 2y:2y+1 **MODERy[1:0]**：端口 x 配置位 (Port x configuration bits) (y = 0..15)
这些位通过软件写入，用于配置 I/O 口的方向模式。
00：输入（复位状态）
01：通用输出模式
10：复用功能模式
11：模拟模式

图 1-34   工作模式

● **OTYPER**。该寄存器用于控制 GPIOx 的输出类型，该寄存器的描述如图 1-35 所示。

31	30	29	28	27	26	25	24	23	22	21	20	19	18	17	16
							Reserved								
15	14	13	12	11	10	9	8	7	6	5	4	3	2	1	0
OT15	OT14	OT13	OT12	OT11	OT10	OT9	OT8	OT7	OT6	OT5	OT4	OT3	OT2	OT1	OT0
rw	rw	rw	rw	rw	rw	rw	rw	rw	rw	rw	rw	rw	rw	rw	rw

位 31:16 保留，必须保持复位值。

位 15:0 **OTYPER[1:0]**：端口 x 配置位 (Port x configuration bits) (y = 0..15)
这些位通过软件写入，用于配置 I/O 口的输出类型。
0：输出推挽（复位状态）
1：输出开漏

图 1-35　输出类型

● **OSPEEDR**。该寄存器用于控制 GPIOx 的输出速度，描述如图 1-36 所示。

31	30	29	28	27	26	25	24	23	22	21	20	19	18	17	16
OSPEEDR15[1:0]		OSPEEDR14[1:0]		OSPEEDR13[1:0]		OSPEEDR12[1:0]		OSPEEDR11[1:0]		OSPEEDR10[1:0]		OSPEEDR9[1:0]		OSPEEDR8[1:0]	
rw	rw	rw	rw	rw	rw	rw	rw	rw	rw	rw	rw	rw	rw	rw	rw
15	14	13	12	11	10	9	8	7	6	5	4	3	2	1	0
OSPEEDR7[1:0]		OSPEEDR6[1:0]		OSPEEDR5[1:0]		OSPEEDR4[1:0]		OSPEEDR3[1:0]		OSPEEDR2[1:0]		OSPEEDR1[1:0]		OSPEEDR0[1:0]	
rw	rw	rw	rw	rw	rw	rw	rw	rw	rw	rw	rw	rw	rw	rw	rw

位 2y:2y+1 **OSPEEDRy[1:0]**：端口 x 配置位 (Port x configuration bits) (y = 0..15)
这些位通过软件写入，用于配置 I/O 口的输出速度。
00：2 MHz（低速）
01：25 MHz（中速）
10：50 MHz（快速）
11：30 pF 时为 100 MHz（高速），15 pF 时为 80 MHz（最大速度）

图 1-36　输出速度

● **PUPDR**。该寄存器用于控制端口模式（上拉/下拉），描述如图 1-37 所示。

31	30	29	28	27	26	25	24	23	22	21	20	19	18	17	16
PUPDR15[1:0]		PUPDR14[1:0]		PUPDR13[1:0]		PUPDR12[1:0]		PUPDR11[1:0]		PUPDR10[1:0]		PUPDR9[1:0]		PUPDR8[1:0]	
rw	rw	rw	rw	rw	rw	rw	rw	rw	rw	rw	rw	rw	rw	rw	rw
15	14	13	12	11	10	9	8	7	6	5	4	3	2	1	0
PUPDR7[1:0]		PUPDR6[1:0]		PUPDR5[1:0]		PUPDR4[1:0]		PUPDR3[1:0]		PUPDR2[1:0]		PUPDR1[1:0]		PUPDR0[1:0]	
rw	rw	rw	rw	rw	rw	rw	rw	rw	rw	rw	rw	rw	rw	rw	rw

PUPDRy[1:0]：端口 x 配置位 (Port x configuration bits) (y = 0..15)
这些位通过软件写入，用于配置 I/O 口的上拉或下拉。
00：无上拉或下拉
01：上拉
10：下拉
11：保留

图 1-37　端口模式

● **ODR**。该寄存器为 GPIOx 的端口输出数据寄存器，详细描述如图 1-38 所示。

31	30	29	28	27	26	25	24	23	22	21	20	19	18	17	16
Reserved															
15	14	13	12	11	10	9	8	7	6	5	4	3	2	1	0
ODR15	ODR14	ODR13	ODR12	ODR11	ODR10	ODR9	ODR8	ODR7	ODR6	ODR5	ODR4	ODR3	ODR2	ODR1	ODR0
rw	rw	rw	rw	rw	rw	rw	rw	rw	rw	rw	rw	rw	rw	rw	rw

位 31:16 保留，必须保持复位值。

位 15:0 **ODRy[15:0]**：端口输出数据 (Port output data) (y = 0..15)

这些位可通过软件读取和写入。

注意：对于原子置位/复位，通过写入 GPIOx_BSRR 寄存器，可分别对 ODR 位进行置位和复位 (x = A..I)。

图 1-38　端口输出

- IDR。该寄存器控制 GPIOx 的端口输入数据寄存器，详细描述如图 1-39 所示。

31	30	29	28	27	26	25	24	23	22	21	20	19	18	17	16
Reserved															
15	14	13	12	11	10	9	8	7	6	5	4	3	2	1	0
IDR15	IDR14	IDR13	IDR12	IDR11	IDR10	IDR9	IDR8	IDR7	IDR6	IDR5	IDR4	IDR3	IDR2	IDR1	IDR0
r	r	r	r	r	r	r	r	r	r	r	r	r	r	r	r

位 31:16 保留，必须保持复位值。

位 15:0 **IDRy[15:0]**：端口输入数据 (Port input data) (y = 0..15)

这些位为只读形式，只能在字模式下访问。它们包含相应 I/O 端口的输入值。

图 1-39　端口输入

- BSRR。该寄存器控制 GPIOx 的端口复位/置位功能，详细描述如图 1-40 所示。

31	30	29	28	27	26	25	24	23	22	21	20	19	18	17	16
BR15	BR14	BR13	BR12	BR11	BR10	BR9	BR8	BR7	BR6	BR5	BR4	BR3	BR2	BR1	BR0
w	w	w	w	w	w	w	w	w	w	w	w	w	w	w	w
15	14	13	12	11	10	9	8	7	6	5	4	3	2	1	0
BS15	BS14	BS13	BS12	BS11	BS10	BS9	BS8	BS7	BS6	BS5	BS4	BS3	BS2	BS1	BS0
w	w	w	w	w	w	w	w	w	w	w	w	w	w	w	w

位 31:16 **BRy**：端口 x 复位位 y (Port x reset bit y) (y = 0..15)

这些位为只写形式，只能在字、半字或字节模式下访问。读取这些位可返回值 0x0000。

0：不会对相应的 ODRx 位执行任何操作

1：对相应的 ODRx 位进行复位

注意：如果同时对 BSx 和 BRx 置位，则 BSx 的优先级更高。

位 15:0 **BSy**：端口 x 置位位 y (Port x set bit y) (y= 0..15)

这些位为只写形式，只能在字、半字或字节模式下访问。读取这些位可返回值 0x0000。

0：不会对相应的 ODRx 位执行任何操作

1：对相应的 ODRx 位进行置位

图 1-40　端口复位/置位

以上例举了所有常用的 GPIOx 相关寄存器，更多详情请查阅《STM32F4xx 中文参考手册》。

1.4.3　代码解读

I/O 口的初始化如图 1-41 所示，注释已给出。

```
void leds_config(void)
{
    GPIO_InitTypeDef GPIO_Initure;
    __HAL_RCC_GPIOB_CLK_ENABLE();              //使能时钟

    GPIO_Initure.Pin=GPIO_PIN_4|GPIO_PIN_5|GPIO_PIN_6;  //需要配置的I/O口
    GPIO_Initure.Mode=GPIO_MODE_OUTPUT_PP;    //配置为推挽输出
    GPIO_Initure.Pull=GPIO_PULLUP;            //设置初始状态为上拉
    GPIO_Initure.Speed=GPIO_SPEED_HIGH;       //设置I/O口速度
    HAL_GPIO_Init(GPIOB,&GPIO_Initure);       //调用底层接口，传入结构体，配置I/O口

    HAL_GPIO_WritePin(GPIOB,GPIO_PIN_4,GPIO_PIN_SET);    //点亮该I/O口
    HAL_GPIO_WritePin(GPIOB,GPIO_PIN_4,GPIO_PIN_RESET);  //熄灭该I/O口
}
```

图 1-41　I/O 口的初始化

当需要点亮一个 I/O 口时，我们只需要包含 stm32f4xx_hal_gpio.h 头文件，然后进行如下几步即可：

① 初始化 I/O 口，按图 1-41 所示配置 I/O 口为输出状态。

② 调用底层提供的接口：HAL_GPIO_WritePin 函数，并传入 GPIOx 和 GPIO_Pinx 参数，以及设置的状态（输出 1 还是输出 0）。

任务实训

实训内容：编写一个按键控制 LED 灯实验，操作步骤如下。

步骤 1：新建工程（STM32CubeMX 工具），详细步骤参考项目 1 的 1.1 的任务实训内容。

步骤 2：编译新建工程（验证新生成的工程有没有错误），使用 IAR 进行编译，如图 1-42 所示（注：该图与图 1-22 一致，此处为了步骤描述完整，特保留，以下类同）。

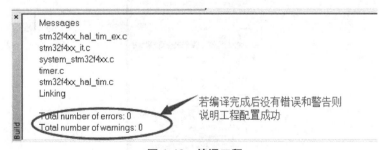

图 1-42　编译工程

步骤 3：移植外设驱动库（把成品的驱动库文件复制到新建工程的驱动目录下），如图 1-43 所示。

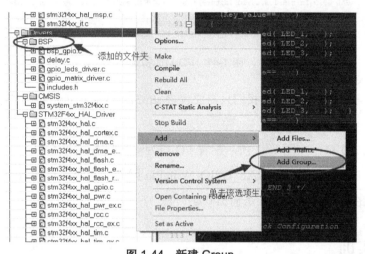

图 1-43　移植外设驱动库

步骤 4：在新建工程目录下的 Drivers 中生成 bsp 文件夹，具体操作如图 1-44 所示。

图 1-44　新建 Group

步骤 5：在 bsp 文件夹中添加.c 文件（成品的库函数，将需要的库函数框起来），如图 1-45 所示。

图 1-45　添加.c 文件

步骤 6：添加驱动库的路径（找.h 文件），具体操作如图 1-46 所示。

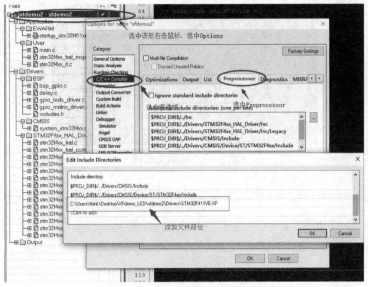

图 1-46　添加驱动库的路径

步骤 7：定义宏，具体操作如图 1-47 所示。

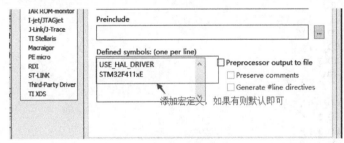

图 1-47　定义宏

步骤 8：在 includes.h 下添加相关头文件（LED 灯和按键），代码如下所示：

```
#include <delay.h>
#include <bsp_gpio.h>
#include <gpio_leds_driver.h>
#include <gpio_matrix_driver.h>
```

步骤 9：在 main.c 下添加头文件#include <includes.h>，如图 1-48 所示。

图 1-48　添加.h 头文件

步骤 10：在 main 函数下添加初始化函数，如图 1-49 所示。

图 1-49　初始化函数

步骤 11：在 while(1)循环下添加按键实时扫描并控制 LED 灯亮灭相关代码如下：

```
/* USER CODE END WHILE */
Key_Value = get_key();
/* USER CODE BEGIN 3 */
if(Key_Value==0x01)
{
   control_Led( LED_1, 1 );
   control_Led( LED_2, 0 );
   control_Led( LED_3, 0 );
}
if(Key_Value==0x02)
{
   control_Led( LED_1, 0 );
   control_Led( LED_2, 1 );
   control_Led( LED_3, 0 );      }
if(Key_Value==0x03)
{
   control_Led( LED_1, 0 );
   control_Led( LED_2, 0 );
   control_Led( LED_3, 1 );
}
```

步骤 12：下载程序验证，通过 ST-LINK 仿真器连接物联网认证实验箱，如图 1-50 所示。按键控制 LED 灯实验效果如图 1-51 所示。

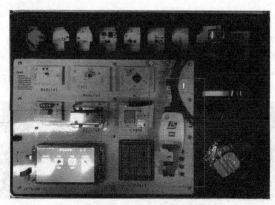

图 1-50　ST-LINK 仿真器连接

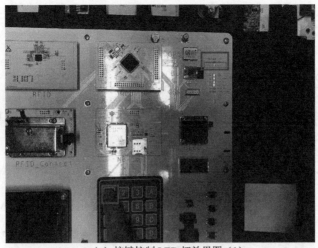

（a）按键控制 LED 灯效果图（1）

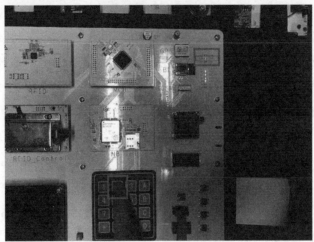

（b）按键控制 LED 灯效果图（2）

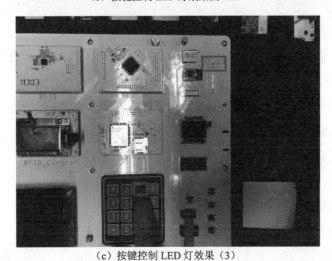

（c）按键控制 LED 灯效果（3）

图 1-51　按键控制 LED 灯实验效果

知识准备

1.5　STM32 通用外设操作

上个任务讲解了基本 I/O 口的使用和配置，该任务主要讲解在配置基本 I/O 口的情况下，再配置通用外设，并调用底层接口，使用该外设。

1.5.1　定时器介绍

ST（意法半导体）推出了以基于 ARM Cortex TM-M4 为内核的 STM32F4 系列高性能微控制器，其采用了 90nm 的 NVM 工艺和 ART（自适应实时储存器加速器，Adaptive Real-Time Memory Accelerator TM）。它兼容于 STM32F2 系列产品，以便于 ST 的用户扩展或升级产品，而保持硬件的兼容能力；集成了新的 DSP 和 FPU 指令，168MHz 的高速性能使得数字信号控制器应用和快速的产品开发达到了新的水平；提升了控制算法的执行速度和代码效率；具有多重 AHB 总线矩阵和多通道 DMA；支持程序执行和数据传输并行处理，数据传输速率非常快。

更多提升：-12 位 ADC:0.41μs 转换/2.4Mbit/s(7.2bit/s 在交替模式)

-高速 USART，可达 10.5Mbit/s

-高速 SPI，可达 37.5Mbit/s

STM32 提供了一个外设——定时器，可以精确定时、设置闹钟、产生 PWM 波等。STM32F4 提供了 8 个定时器、两个 32 位定时器（TIM2、TIM5）、6 个 16 位定时器（TIM1、TIM3、TIM4、TIM9、TIM10、TIM11）。

1. 高级定时器

只有 TIM1 是高级定时器，具有以下功能。

● 16 位递增、递减、递增/递减自动重载计数器，由可编程预分频器驱动。

● 16 位可编程预分频器，分频系数介于 1 到 65536 之间。

● 4 个独立通道，主要用于输入捕获（即测量输入信号的脉冲宽度）、输出比较、生成 PWM（边缘或中心对齐）、单脉冲模式。

● 带死区的互补输出。

● 重复计数器。

● 可产生 DMA 或中断请求。

● 高级定时器和通用定时器彼此完全独立。

2. 通用定时器

STM32F4 的通用定时器是由一个通过可编程预分频器（PSC）驱动的 16 位自动装载计

数器（CNT）构成的。STM32F4 的通用定时器可以被用于测量输入信号的脉冲长度（输入捕获）或者产生输出波形（输出比较和 PWM）等。使用定时器预分频器和 RCC 时钟控制器预分频器，脉冲长度和波形周期可以在几个微妙到几个毫秒之间进行调整。STMF4 的每个通用定时器都是完全独立的，没有互相共享的任何资源。除了 TIM1，其他定时器（TIM2、TIM3、TIM4、TIM5、TIM9、TIM10、TIM11）都是通用定时器，这 7 个通用定时器可分为两组，一组是全功能通用定时器（TIM2、TIM5、TIM3 和 TIM4）；另外的 TIM9、TIM10、TIM11 功能则没那么全面。

（1）TIM2、TIM3、TIM4、TIM5

● TIM2 和 TIM5 是 32 位的自动重载向上/向下计数器和 16 位预分频器。

● TIM3 和 TIM4 是 16 位的自动重载向上/向下计数器和 16 位预分频器。

● 都具有 4 个通道，用于输入捕获（即测量输入信号的脉冲宽度）、输出比较、生成 PWM（边缘或中心对齐）、单脉冲模式。

● 这 4 个定时器可以一起工作，或与其他通用定时器和高级定时器（TIM1）通过定时器链接功能或链接事件进行同步。

● 这 4 个定时器都可以生成独立的 DMA 请求。

● 它们可以处理正交（增量）编码器信号和 1 至 4 个霍尔效应传感器的数字输出。

（2）TIM9、TIM10、TIM11

● 都只能作为 16 位的自动重载向上计数器和 16 位预分频器。

● TIM10 和 TIM11 只有一个通道，TIM9 具有两个独立通道，这些通道可用于输入捕获（即测量输入信号的脉冲宽度）、输出比较、生成 PWM（边缘或中心对齐）、单脉冲模式。

● 可以与 TIM2、TIM3、TIM4、TIM5 全功能通用定时器同步。

● 可作为简单的时基。

1.5.2　定时器寄存器配置

这里讲解 STM32F411VE 的定时器 2 配置，采用官方 HAL 库，定时器配置为 PWM 输出模式的主要步骤有如下几点：

① 初始化 I/O 口。

② 定义两个结构体变量：TIM_HandleTypeDef、TIM_OC_InitTypeDef。

③ 给 TIM_HandleTypeDef 结构体变量赋初值，主要包括定时器、分频值、计数模式、重装载值、时钟分区。

④ 给 TIM_OC_InitTypeDef 结构体变量赋初值，主要包括 PWM 模式、比较值（用来确定占空比）、输出比较极性。

⑤ 调用底层接口，传入结构体，初始化 TIM。

⑥ 开启 PWM 通道。

下面主要介绍 TIM2 的定时器配置，TIM2 相关寄存器主要有 TIMx_CR1、TIMx_PSC、TIMx_ARR、TIMx_SR。

1. TIMx_CR1

它是定时器的主要配置寄存器，详细描述如图 1-53 所示。

15	14	13	12	11	10	9	8	7	6	5	4	3	2	1	0
Reserved						CKD[1:0]		ARPE	CMS		DIR	OPM	URS	UDIS	CEN
						rw	rw	rw	rw	rw	rw	rw	rw	rw	rw

位 15:10 保留，必须保持复位值。

位 9:8 **CKD**：时钟分频 (Clock division)

此位域指示定时器时钟 (CK_INT) 频率与数字滤波器所使用的采样时钟（ETR、TIx）之间的分频比，

00：$t_{DTS} = t_{CK\_INT}$
01：$t_{DTS} = 2 \times t_{CK\_INT}$
10：$t_{DTS} = 4 \times t_{CK\_INT}$
11：保留

位 7 **ARPE**：自动重载预装载使能 (Auto-reload preload enable)

0：TIMx_ARR 寄存器不进行缓冲
1：TIMx_ARR 寄存器进行缓冲

位 6:5 **CMS**：中心对齐模式选择 (Center-aligned mode selection)

00：边沿对齐模式。计数器根据方向位 (DIR) 递增计数或递减计数。
01：中心对齐模式 1。计数器交替进行递增计数和递减计数。仅当计数器递减计数时，配置为输出的通道（TIMx_CCMRx 寄存器中的 CxS=00）的输出比较中断标志才置 1。
10：中心对齐模式 2。计数器交替进行递增计数和递减计数。仅当计数器递增计数时，配置为输出的通道（TIMx_CCMRx 寄存器中的 CxS=00）的输出比较中断标志置 1。
11：中心对齐模式 3。计数器交替进行递增计数和递减计数。当计数器递增计数或递减计数时，配置为输出的通道（TIMx_CCMRx 寄存器中的 CxS=00）的输出比较中断标志都会置 1。
注意：只要计数器处于使能状态 (CEN=1)，就不得从边沿对齐模式切换为中心对齐模式。

位 4 **DIR**：方向 (Direction)

0：计数器递增计数
1：计数器递减计数
注意：当定时器配置为中心对齐模式或编码器模式时，该位为只读状态。

位 3 **OPM**：单脉冲模式 (One-pulse mode)

0：计数器在发生更新事件时不会停止计数
1：计数器在发生下一更新事件时停止计数（将 CEN 位清零）

位 2 **URS**：更新请求源 (Update request source)

此位由软件置 1 和清零，用以选择 UEV 事件源。
0：使能时，所有以下事件都会生成更新中断或 DMA 请求。此类事件包括：
－　计数器上溢/下溢
－　将 UG 位置 1
－　通过从模式控制器生成的更新事件
1：使能时，只有计数器上溢/下溢会生成更新中断或 DMA 请求。

位 1 **UDIS**：更新禁止 (Update disable)

图 1-53　定时器配置

此位由软件置 1 和清零，用以使能/禁止 UEV 事件生成。

0：使能 UEV。更新 (UEV) 事件可通过以下事件之一生成：

— 计数器上溢/下溢

— 将 UG 位置 1

— 通过从模式控制器生成的更新事件

然后缓冲的寄存器将加载预装载值。

1：禁止 UEV。不会生成更新事件，各影子寄存器的值（ARR、PSC 和 CCRx）保持不变。但如果将 UG 位置 1，或者从从模式控制器接收到硬件复位，则会重新初始化计数器和预分频器。

位 0 **CEN**：计数器使能 (Counter enable)

0：禁止计数器

1：使能计数器

注意：只有事先通过软件将 CEN 位置 1，才可以使用外部时钟、门控模式和编码器模式。而触发模式可通过硬件自动将 CEN 位置 1。

在单脉冲模式下，当发生更新事件时会自动将 CEN 位清零。

图 1-53 定时器配置（续）

2. TIMx_PSC

这里我们同样仅关心它的第 0 位，该位是更新中断允许位，本任务用到的是定时器的更新中断。所以该位要设置为 1，即允许由于更新事件所产生的中断。预分频寄存器（TIMx_PSC）用来对时钟进行分频操作，然后提供给计数器，描述如图 1-54 所示。

15	14	13	12	11	10	9	8	7	6	5	4	3	2	1	0
PSC[15:0]															
rw	rw	rw	rw	rw	rw	rw	rw	rw	rw	rw	rw	rw	rw	rw	rw

位 15:0 **PSC[15:0]**：预分频器值 (Prescaler value)

计数器时钟频率 CK_CNT 等于 f_{CK_PSC} / (PSC[15:0] + 1)。

PSC 包含在每次发生更新事件时要装载到实际预分频器寄存器的值。

图 1-54 时钟分频

这里，定时器的时钟来源有 4 个。

● 内部时钟（CK_INT）。

● 外部时钟模式 1：外部输入脚（TIx）。

● 外部时钟模式 2：外部触发输入（ETR），仅适用于 TIM2、TIM3、TIM4。

● 内部触发输入（ITRx）：使用 A 定时器作为 B 定时器的预分频器（A 为 B 提供时钟）。

这些时钟，具体选择哪个可以通过 TIMx_SMCR 寄存器的相关位来设置。这里的 CK_INT 时钟是从 APB1 倍频得来的，除非 APB1 的时钟分频数设置为 1，否则通用定时器 TIMx 的时钟是 APB1 时钟的 2 倍，当 APB1 的时钟不分频的时候，通用定时器 TIMx 的时钟就等于 APB1 的时钟。这里还要注意的就是高级定时器的时钟不是来自 APB1，而是来自 APB2 的。而 TIMx_CNT 寄存器，该寄存器是定时器的计数器，该寄存器存储了当前定时器的计数值。

3. TIMx_ARR

TIMx_ARR 寄存器在物理上实际对应着两个寄存器：一个是程序员可以直接操作的，

另外一个是程序员看不到的，这个看不到的寄存器在《STM32F411xC/E 参考手册》中被叫作影子寄存器，事实上真正起作用的是影子寄存器。当 TIMx_CR1 寄存器中 APRE 位设置为 APRE=0 时，预装载寄存器的内容可以随时传送到影子寄存器，此时两者是连通的；而 APRE=1 时，在每一次更新事件（UEV）时，才把预装在寄存器中的内容传送到影子寄存器。

该寄存器用来设置时钟的自动重装载值，详细描述如图 1-55 所示。

15	14	13	12	11	10	9	8	7	6	5	4	3	2	1	0
ARR[15:0]															
rw	rw	rw	rw	rw	rw	rw	rw	rw	rw	rw	rw	rw	rw	rw	rw

位 15:0　**ARR[15:0]**：自动重载值 (Auto-reload value)
　　　　ARR 为要装载到实际自动重载寄存器的值。
　　　　当自动重载值为空时，计数器不工作。

图 1-55　时钟重装载

4. TIMx_SR

该寄存器是时钟的状态寄存器，用来标记当前时钟的相关事件标志位，详细描述如图 1-56 所示。

15	14	13	12	11	10	9	8	7	6	5	4	3	2	1	0
Reserved			CC4OF	CC3OF	CC2OF	CC1OF	Reserved		TIF	Res	CC4IF	CC3IF	CC2IF	CC1IF	UIF
			rc_w0	rc_w0	rc_w0	rc_w0			rc_w0		rc_w0	rc_w0	rc_w0	rc_w0	rc_w0

位 15:13　保留，必须保持复位值。

位 12　**CC4OF**：捕获/比较 4 重复捕获标志 (Capture/Compare 1 overcapture flag)
　　　　请参见 CC1OF 说明

位 11　**CC3OF**：捕获/比较 3 重复捕获标志 (Capture/Compare 1 overcapture flag)
　　　　请参见 CC1OF 说明

位 10　**CC2OF**：捕获/比较 2 重复捕获标志 (Capture/compare 2 overcapture flag)
　　　　请参见 CC1OF 说明

位 9　**CC1OF**：捕获/比较 1 重复捕获标志 (Capture/Compare 1 overcapture flag)
　　　　仅当将相应通道配置为输入捕获模式时，此标志位才会由硬件置 1。通过软件写入"0"可将该位清零。
　　　　0：未检测到重复捕获
　　　　1：TIMx_CCR1 寄存器中已捕获到计数器值且 CC1IF 标志已置 1。

位 8:7　保留，必须保持复位值。

位 6　**TIF**：触发中断标志 (Trigger interrupt flag)
　　　　在除门控模式以外的所有模式下，当使能从模式控制器后在 TRGI 输入上检测到有效边沿时，该标志将由硬件置 1。选择门控模式时，该标志将在计数器启动或停止时置 1。但需要通过软件清零。
　　　　0：未发生触发信号 (TRGI) 事件
　　　　1：触发信号 (TRGI) 中断挂起

位 5　保留，必须保持复位值。

位 4　**CC4IF**：捕获/比较 4 中断标志 (Capture/Compare 4 interrupt flag)
　　　　请参见 CC1IF 说明

图 1-56　时钟标志位

位 3　**CC3IF**：捕获/比较 3 中断标志 (Capture/Compare 3 interrupt flag)

　　　请参见 CC1IF 说明

位 2　**CC2IF**：捕获/比较 2 中断标志 (Capture/Compare 2 interrupt flag)

　　　请参见 CC1IF 说明

位 1　**CC1IF**：捕获/比较 1 中断标志 (Capture/compare 1 interrupt flag)

　　　如果通道 CC1 配置为输出：

　　　当计数器与比较值匹配时，此标志由硬件置 1，中心对齐模式下除外（请参见 TIMx_CR1 寄存器中的 CMS 位说明）。但需要通过软件清零。

　　　0：不匹配

　　　1：TIMx_CNT 计数器的值与 TIMx_CCR1 寄存器的值匹配。当 TIMx_CCR1 的值大于 TIMx_ARR 的值时，CC1IF 位将在计数器发生上溢（递增计数模式和增减计数模式下）或下溢（递减计数模式下）时变为高电平。

　　　如果通道 CC1 配置为输入：

　　　此位将在发生捕获事件时由硬件置 1。通过软件或读取 TIMx_CCR1 寄存器将该位清零。

　　　0：未发生输入捕获事件

　　　1：TIMx_CCR1 寄存器中已捕获到计数器值（IC1 上已检测到与所选极性匹配的边沿）

位 0　**UIF**：更新中断标志 (Update interrupt flag)

● 该位在发生更新事件时通过硬件置 1。但需要通过软件清零。

　　0：未发生更新。

　　1：更新中断挂起。该位在以下情况下更新寄存器时由硬件置 1：

● 上溢或下溢（对于 TIM2 到 TIM5）以及当 TIMx_CR1 寄存器中 UDIS = 0 时。

● TIMx_CR1 寄存器中的 URS = 0 且 UDIS = 0，并且由软件使用 TIMx_EGR 寄存器中的 UG 位重新初始化 CNT 时。

　　TIMx_CR1 寄存器中的 URS=0 且 UDIS=0，并且 CNT 由触发事件重新初始化时（参见同步控制寄存器说明）。

图 1-56　时钟标志位（续）

1.5.3　定时器控制输出 PWM 波形

脉冲宽度调制（PWM），是英文"Pulse Width Modulation"的缩写，简称脉宽调制，是利用微处理器的数字输出来对模拟电路进行控制的一种非常有效的技术，简单地说，就是对脉冲宽度的控制。经过上面的基本配置步骤，就可以指定 TIM2 为 PWM 输出模式，当然所在文件需要引用底层接口，所以需要包含头文件：stm32f4xx_hal_tim.h，定时器的初始化代码如图 1-57 所示。

```
void HAL_TIM_PWM_MspInit(TIM_HandleTypeDef *htim)
{

  if(htim->Instance == SERVO_TIM)
  {
    GPIO_InitTypeDef GPIO_Initure;

    SERVO_CLK_ENABLE();                    /*使能定时器2*/
    SERVO_PIN_CLK_ENABLE();                /*开启GPIOB时钟*/

    GPIO_Initure.Pin=SERVO_PIN;            /*PB10*/
    GPIO_Initure.Mode=SERVO_MODE;          /*复用推挽输出*/
    GPIO_Initure.Pull=SERVO_PULL;          /*上拉*/
    GPIO_Initure.Speed=GPIO_SPEED_HIGH;    /*高速*/
    GPIO_Initure.Alternate= SERVO_PIN_AF;   /*PB10复用为TIM2_CH2*/
    HAL_GPIO_Init(SERVO_PORT,&GPIO_Initure);
  }
}
```

图 1-57　定时器的初始化代码

```
void SERVO_TIM_PWM_Init(void)
{
    TIM_HandleTypeDef SERVO_TIM_Handler;                         /*定时器2PWM句柄*/
    TIM_OC_InitTypeDef SERVO_TIM_CHxHandler;                     /*定时器2通道3句柄*/

    uint16_t prescaler = 100000000 / frequence / period;

    SERVO_TIM_Handler.Instance=SERVO_TIM;                        /*定时器2*/
    SERVO_TIM_Handler.Init.Prescaler=prescaler-1;                /*定时器分频*/
    SERVO_TIM_Handler.Init.CounterMode=TIM_COUNTERMODE_UP;       /*向上计数模式*/
    SERVO_TIM_Handler.Init.Period=period-1;                      /*自动重装载值*/
    SERVO_TIM_Handler.Init.ClockDivision=TIM_CLOCKDIVISION_DIV1;
    HAL_TIM_PWM_Init(&SERVO_TIM_Handler);                        /*初始化PWM*/

    SERVO_TIM_CHxHandler.OCMode=TIM_OCMODE_PWM1;                 /*模式选择PWM1*/
    /*设置比较值,此值用来确定占空比,默认比较值为自动重装载值的一半,即占空比为50%*/
    SERVO_TIM_CHxHandler.Pulse=preiod_middle_pwm;
    /*输出比较极性为低 */
    SERVO_TIM_CHxHandler.OCPolarity = TIM_OCPOLARITY_HIGH;
    /*配置SERVO_TIM通道x*/
    HAL_TIM_PWM_ConfigChannel(&SERVO_TIM_Handler,&SERVO_TIM_CHxHandler,SERVO_CHANNEL_X);

    HAL_TIM_PWM_Start(&SERVO_TIM_Handler,SERVO_CHANNEL_X);       /*开启PWM通道x*/
}
```

图 1-58　输出模式

图 1-58 所示为配置 TIM2 为 PWM 输出模式,调用上面两个函数后,TIM2 就配置完成了,如果需要改变 PWM 的占空比,需要在代码中的一个地方,给结构体 TIM2 的通道号重新赋值,假设通道号为 1,则重新赋值代码如图 1-59 所示。其中,SERVO_TIM 就是 TIM2 的宏定义,指向它的成员 CCR1,即通道 1,赋值 compare,即改变了占空比。

```
SERVO_TIM->CCR1=compare;
```

图 1-59　通道号重新赋值

任务实训

实训内容:编写一个 PWM 呼吸灯实验,操作步骤如下。

步骤 1:新建工程(STM32CubeMX 工具),具体操作如图 1-60 所示。

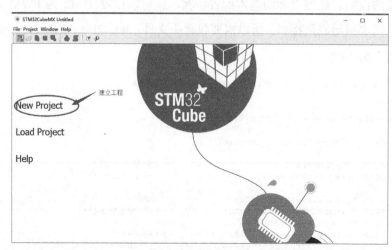

图 1-60　新建工程

步骤 2:选择芯片的型号,具体设置如图 1-61 所示。

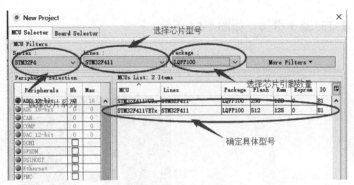

图 1-61　选择芯片型号

步骤 3：配置并使能 RCC 时钟引脚，具体操作如图 1-62 所示。

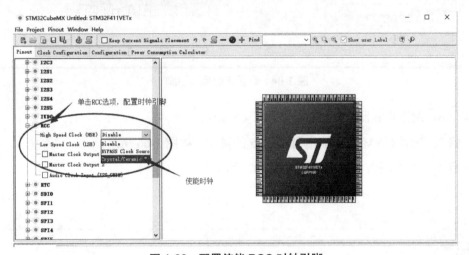

图 1-62　配置使能 RCC 时钟引脚

步骤 4：配置时钟树（从左到右，配置完成后请尽量保存配置），如图 1-63 所示。

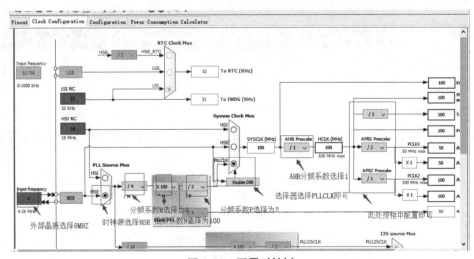

图 1-63　配置时钟树

步骤 5：配置定时器 3 引脚，如图 1-64 所示。

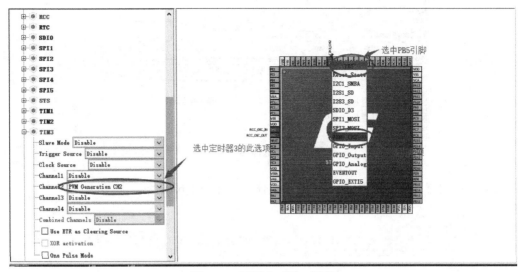

图 1-64　配置定时器 3 引脚

步骤 6：配置定时器 3 的属性，如图 1-65 所示。

步骤 7：配置 PWM 波形输出引脚 PB5 的属性，如图 1-66 所示。

步骤 8：生成工程，具体操作如图 1-67 所示。

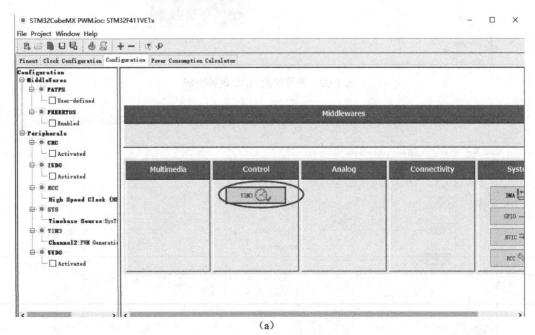

（a）

图 1-65　配置定时器 3 属性

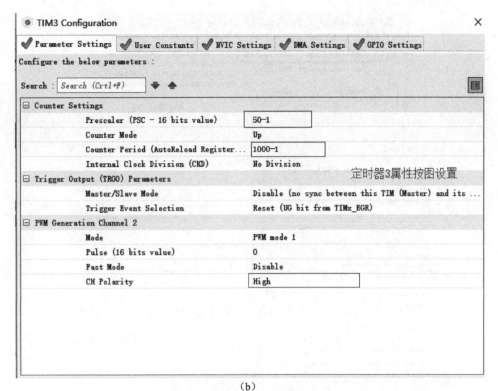

（b）

图 1-65　配置定时器 3 属性（续）

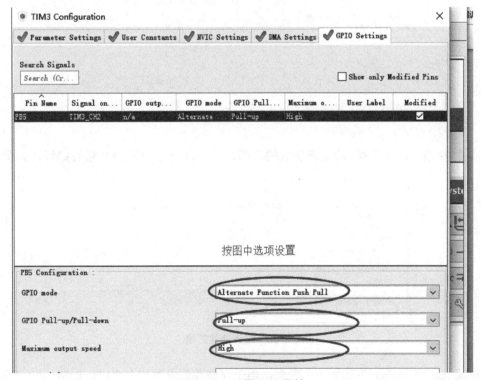

图 1-66　配置 PB5 属性

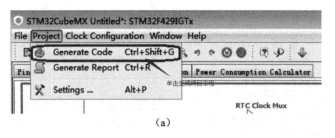

(a)

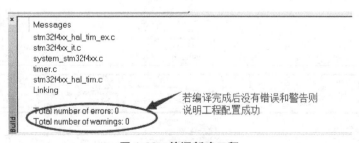

(b)

图 1-67　生成工程

步骤 9：编译新建工程（验证新生成的工程有没有错误），使用 IAR 进行编译，如图 1-68 所示。

Messages
stm32f4xx_hal_tim_ex.c
stm32f4xx_it.c
system_stm32f4xx.c
timer.c
stm32f4xx_hal_tim.c
Linking

Total number of errors: 0
Total number of warnings: 0

若编译完成后没有错误和警告则
说明工程配置成功

图 1-68　编译新建工程

步骤 10：在 main.c 下添加一个变量，用于存储我们设置的占空比，如图 1-69 所示。

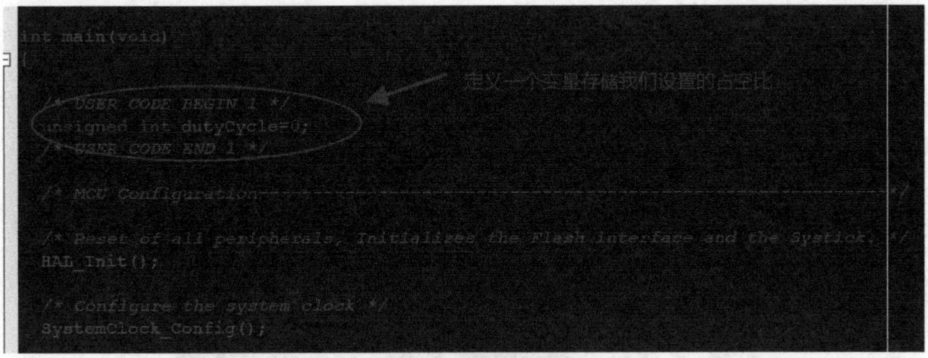

图 1-69　添加变量

步骤 11：然后使能 TIM3 的 PWM Channel2 输出，如图 1-70 所示。

图 1-70　使能 PWM Channel2

步骤 12：在 while(1)循环下添加功能代码，如图 1-71 所示。

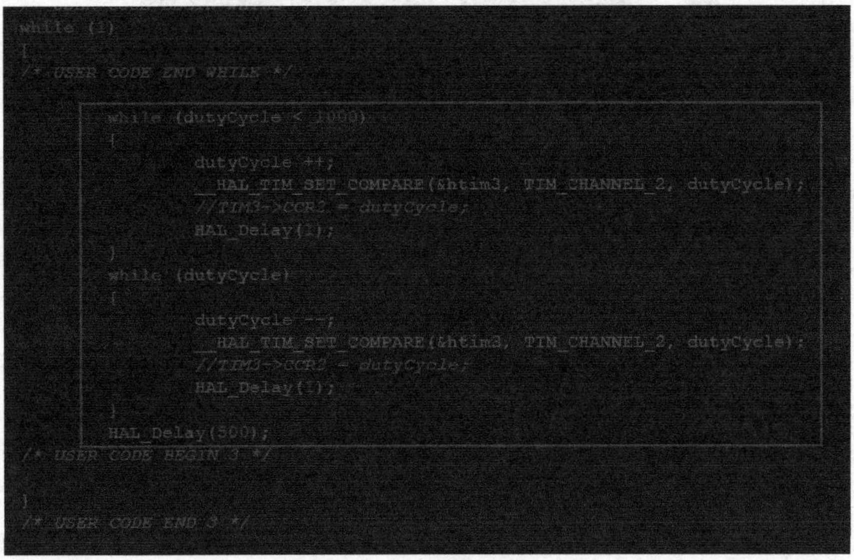

图 1-71　添加功能代码

步骤 13：下载程序验证，通过 ST-LINK 仿真器连接物联网认证实验箱，如图 1-72 所示。LED 按键实验效果如图 1-73 所示。

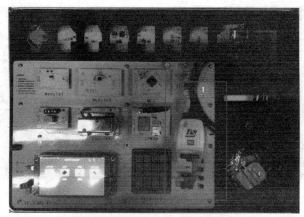

图 1-72　ST-LINK 仿真器连接

图 1-73　LED 按键效果图

知识准备

1.6　STM32 外部中断实验

在前面的学习中，我们掌握了 STM32F4 的 I/O 口最基本的操作，这里将介绍如何将 STM32F4 的 I/O 口作为外部中断输入。

1.6.1　STM32F4 外部中断简介

这里先介绍 STM32F4 外部 I/O 口的中断功能，再通过中断功能，达到实验效果，即：通过板载的 4 个按键，控制板载的两个 LED 的亮灭及蜂鸣器的发声。代码主要分布在固件库的 stm32f4xx_exti.h 和 stm32f4xx_exti.c 文件中。这里首先讲解 STM32F4 I/O 口中断的一些基础概念。STM32F4 的每个 I/O 都可以作为外部中断的中断输入口，这点也是STM32F4 的强大之处。STM32F407 的中断控制器支持 22 个外部中断/事件请求。每个中断设有状态位，每个中断/事件都有独立的触发和屏蔽设置。STM32F407 的 22 个外部中断为：EXTI 线 0～15：对应外部 I/O 口的输入中断；EXTI 线 16 连接到 PVD 输出；EXTI 线 17 连接到 RTC 闹钟事件；EXTI 线 18 连接到 USB OTG FS 唤醒事件；EXTI 线 19 连接到以太网唤醒事件；EXTI 线 20 连接到 USB OTG HS（在 FS 中配置）唤醒事件；EXTI 线 21 连接到 RTC 入侵和时间戳事件；EXTI 线 22 连接到 RTC 唤醒事件。

　　从上面可以看出，STM32F4 供 I/O 口使用的中断线只有 16 个，但是 STM32F4 的 I/O 口却远远不止 16 个，那么 STM32F4 是怎么把 16 个中断线和 I/O 口一一对应起来的呢？于是 STM32 就这样设计，GPIO 的引脚 GPIOx.0～GPIOx.15(x=A,B,C,D,E,F,G,H,I)分别对应中断线 0～15。这样每个中断线对应了最多 9 个 I/O 口，以线 0 为例，它对应了 GPIOA.0、GPIOB.0、GPIOC.0、GPIOD.0、GPIOE.0、GPIOF.0、GPIOG.0、GPIOH.0、GPIOI.0。而中断线每次只能连接到 1 个 I/O 口上，这样就需要通过配置来决定对应的中断线配置到哪个 GPIO 上了。下面我们看看 GPIO 跟中断线的映射关系图，如图 1-74 所示。

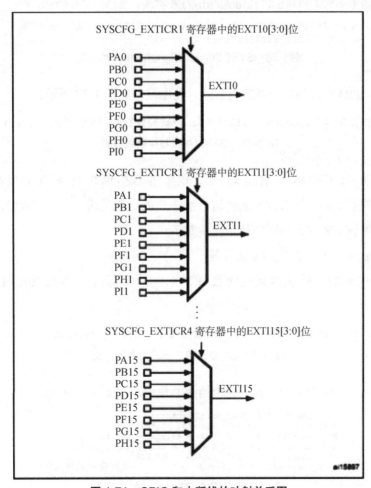

图 1-74　GPIO 和中断线的映射关系图

1.6.2　外部中断配置

1. 使能 I/O 口时钟，初始化 I/O 口为输入

首先，我们要使用 I/O 口作为中断输入，所以要使能相应的 I/O 口时钟，以及初始化相应的I/O口为输入模式，具体的使用方法跟我们按键实验是一致的。这里就不做过多讲解。

2. 开启 SYSCFG 时钟，设置 I/O 口与中断线的映射关系

接下来，我们要配置 GPIO 与中断线的映射关系，那么首先需要打开 SYSCFG 时钟，如图 1-75 所示。

```
RCC_APB2PeriphClockCmd(RCC_APB2Periph_SYSCFG, ENABLE);//使能 SYSCFG 时钟
```

图 1-75　打开 SYSCFG 时钟

这里一定要注意，只要我们使用到外部中断，就必须打开 SYSCFG 时钟。

接下来，我们配置 GPIO 与中断线的映射关系。在库函数中，配置 GPIO 与中断线的映射关系用函数 SYSCFG_EXTILineConfig()来实现，如图 1-76 所示。

```
void SYSCFG_EXTILineConfig(uint8_t EXTI_PortSourceGPIOx,
uint8_t EXTI_PinSourcex);
```

图 1-76　SYSCFG_EXTILineConfig()的编写

该函数将 GPIO 端口与中断线映射起来，使用范例如图 1-77 所示。

```
SYSCFG_EXTILineConfig(EXTI_PortSourceGPIOA, EXTI_PinSource0);
```

图 1-77　GPIO 端口与中断线映射

将中断线 0 与 GPIOA 映射起来，那么很显然 GPIOA.0 与 EXTI1 中断线连接了。设置好中断线映射之后，那么到底来自这个 I/O 口的中断是通过什么方式触发的呢？接下来我们就要设置该中断线上中断的初始化参数了。

3. 初始化线上中断，设置触发条件等

中断线上中断的初始化是通过函数 EXTI_Init()实现的。EXTI_Init()函数的定义如图 1-78 所示。

```
void EXTI_Init(EXTI_InitTypeDef* EXTI_InitStruct);
```

图 1-78　GPIO EXTI_Init()函数的定义

下面我们用一个使用范例来说明这个函数的使用，如图 1-79 所示。

```
EXTI_InitTypeDef  EXTI_InitStructure;
EXTI_InitStructure.EXTI_Line=EXTI_Line4;
EXTI_InitStructure.EXTI_Mode = EXTI_Mode_Interrupt;
EXTI_InitStructure.EXTI_Trigger = EXTI_Trigger_Falling;
EXTI_InitStructure.EXTI_LineCmd = ENABLE;
EXTI_Init(&EXTI_InitStructure);    //初始化外设 EXTI寄存器
```

图 1-79　GPIO EXTI_Init()函数的使用

上面的例子设置中断线 4 上的中断为下降沿触发。STM32 外设的初始化都是通过结构体来设置初始值的，这里就不再讲解结构体初始化的过程了。我们来看看结构体 EXTI_InitTypeDef 的成员变量，如图 1-80 所示。

```
typedef struct { uint32_t EXTI_Line;
EXTIMode_TypeDef EXTI_Mode;
EXTITrigger_TypeDef EXTI_Trigger;
FunctionalState EXTI_LineCmd;
}EXTI_InitTypeDef;
```

图 1-80　结构体 EXTI_InitTypeDef 的成员变量

从定义可以看出，有 4 个参数需要设置。第一个参数是中断线的标号，对于我们的外部中断，取值范围为 EXTI_Line0～EXTI_Line15。也就是说，这个函数配置的是某个中断线上的中断参数。第二个参数是中断模式，可选值为中断 EXTI_Mode_Interrupt 和事件 EXTI_Mode_Event。第三个参数是触发方式，可以是下降沿触发 EXTI_Trigger_Falling、上升沿触发 EXTI_Trigger_Rising，或者任意电平（上升沿和下降沿）触发 EXTI_Trigger_Rising_Falling。最后一个参数就是使能中断线了。

4. 配置中断分组（NVIC），并使能中断

我们设置好了中断线和 GPIO 映射关系，然后又设置好了中断的触发模式等初始化参数。既然是外部中断，涉及到了中断我们当然还要设置 NVIC 中断优先级。这个在前面已经讲解过，这里接着上面的范例，设置中断线 2 的中断优先级，如图 1-81 所示。

```
NVIC_InitTypeDef NVIC_InitStructure;
NVIC_InitStructure.NVIC_IRQChannel = EXTI2_IRQn; //使能按键外部中断通道
NVIC_InitStructure.NVIC_IRQChannelPreemptionPriority=0x02;//抢占优先级 2
NVIC_InitStructure.NVIC_IRQChannelSubPriority = 0x02;　//响应优先级 2
NVIC_InitStructure.NVIC_IRQChannelCmd = ENABLE;　//使能外部中断通道
NVIC_Init(&NVIC_InitStructure); //中断优先级分组初始化
```

图 1-81　设置中断线 2 的中断优先级

上面这段代码相信大家都不陌生，我们在前面的串口实验的时候讲解过，这里不再讲解。

5. 编写中断服务函数

我们配置完中断优先级之后，接着要做的就是编写中断服务函数了。中断服务函数的名字是在 MDK 中事先定义的。这里需要说明一下，STM32F4 的 I/O 口外部中断函数只有 7 个，如图 1-82 所示。

```
EXPORT   EXTI0_IRQHandler
EXPORT   EXTI1_IRQHandler
EXPORT   EXTI2_IRQHandler
EXPORT   EXTI3_IRQHandle
EXPORT   EXTI4_IRQHandler
EXPORT   EXTI9_5_IRQHandler
EXPORT   EXTI15_10_IRQHandler
```

图 1-82　STM32F4 的 7 个 IO 口外部中断函数

中断线 0～4 每个中断线对应一个中断函数，中断线 5～9 共用中断函数 EXTI9_5_IRQHandler，中断线 10～15 共用中断函数 EXTI15_10_IRQHandler。在编写中断服务函数的时候会经常使用到这两个函数，第一个函数用于判断某个中断线上的中断是否发生（标志位是否置位），如图 1-83 所示。这个函数一般用在中断服务函数的开头用于判断中断是否发生。

```
ITStatus EXTI_GetITStatus(uint32_t EXTI_Line);
```

图 1-83　ITStatus EXIT_GetITStatus()函数

另一个函数用于清除某个中断线上的中断标志位，如图 1-84 所示。这个函数一般应用在中断服务函数结束之前，用于清除中断标志位。

```
void EXTI_ClearITPendingBit(uint32_t EXTI_Line);
```

图 1-84　EXIT_ClearITPendingBit()

常用的中断服务函数格式如图 1-85 所示。

```
void EXTI3_IRQHandler(void)
{
if(EXTI_GetITStatus(EXTI_Line3)!=RESET)//判断某个线上的中断是否发生
    {  …     中断逻辑    …
EXTI_ClearITPendingBit(EXTI_Line3);   //清除 LINE 上的中断标志位
    }
}
```

图 1-85　常用的中断服务函数格式

在这里需要说明一下，固件库还提供了两个用来判断外部中断状态及清除外部状态标志位的函数 EXTI_GetFlagStatus 和 EXTI_ClearFlag，它们的作用和前面两个函数的作用类似。只是在 EXTI_GetITStatus 函数中会先判断这种中断是否使能，只有使能了才去判断中断标志位，而 EXTI_GetFlagStatus 直接用来判断状态标志位。

讲到这里，相信大家对 STM32 的 I/O 口外部中断已经有了一定的了解。下面我们再总结一下使用 I/O 口外部中断的一般步骤：

① 使能 I/O 口时钟，初始化 I/O 口为输入。

② 使能 SYSCFG 时钟，设置 I/O 口与中断线的映射关系。

③ 初始化线上中断，设置触发条件等。

④ 配置中断分组（NVIC），并使能中断。

⑤ 编写中断服务函数。

通过以上几个步骤的设置，我们就可以正常使用外部中断了。

1.6.3　外部中断的使用

exit.c 文件总共包含 5 个函数，一个是外部中断初始化函数 void EXTIX_Init(void)，另外 4 个都是中断服务函数。

void EXTI0_IRQHandler(void)是外部中断 0 的服务函数，负责 WK_UP 按键的中断检测；

void EXTI2_IRQHandler(void)是外部中断 2 的服务函数，负责 KEY2 按键的中断检测；

void EXTI3_IRQHandler(void)是外部中断 3 的服务函数，负责 KEY1 按键的中断检测；

void EXTI4_IRQHandler(void)是外部中断 4 的服务函数，负责 KEY0 按键的中断检测；

extic.c 代码如下：

//外部中断 0 服务程序

```c
void EXTI0_IRQHandler(void)
{
delay_ms(10); //消抖
if(WK_UP==1)
{ BEEP=!BEEP; }        //蜂鸣器翻转
EXTI_ClearITPendingBit(EXTI_Line0); //清除 LINE0 上的中断标志位
}
```

//外部中断 2 务程序

```c
void EXTI2_IRQHandler(void)
{
delay_ms(10); //消抖
if(KEY2==0)
{ LED0=!LED0; }
EXTI_ClearITPendingBit(EXTI_Line2);//清除 LINE2 上的中断标志位
}
```

//外部中断 3 服务程序

```c
void EXTI3_IRQHandler(void)
{
delay_ms(10); //消抖
if(KEY1==0)
{ LED1=!LED1; }
 EXTI_ClearITPendingBit(EXTI_Line3); //清除 LINE3 上的中断标志位
}
```

//外部中断 4 服务程序

```c
void EXTI4_IRQHandler(void)
{
delay_ms(10); //消抖
if(KEY0==0)
{ LED0=!LED0;     LED1=!LED1; }
EXTI_ClearITPendingBit(EXTI_Line4);//清除 LINE4 上的中断标志位
}
```

```c
//外部中断初始化程序
//初始化 PE2~PE4,PA0 为中断输入
void EXTIX_Init(void)
{
NVIC_InitTypeDef    NVIC_InitStructure;
EXTI_InitTypeDef    EXTI_InitStructure;
KEY_Init(); //按键对应的 IO 口初始化
RCC_APB2PeriphClockCmd(RCC_APB2Periph_SYSCFG, ENABLE);//使能 SYSCFG 时钟
SYSCFG_EXTILineConfig(EXTI_PortSourceGPIOE, EXTI_PinSource2);//PE2 连接线 2
SYSCFG_EXTILineConfig(EXTI_PortSourceGPIOE, EXTI_PinSource3);//PE3 连接线 3
SYSCFG_EXTILineConfig(EXTI_PortSourceGPIOE, EXTI_PinSource4);//PE4 连接线 4
```

```
SYSCFG_EXTILineConfig(EXTI_PortSourceGPIOA, EXTI_PinSource0);//PA0 连接线 0

/* 配置 EXTI_Line0 */
EXTI_InitStructure.EXTI_Line = EXTI_Line0;//LINE0
EXTI_InitStructure.EXTI_Mode = EXTI_Mode_Interrupt;//中断事件
EXTI_InitStructure.EXTI_Trigger = EXTI_Trigger_Rising; //上升沿触发
EXTI_InitStructure.EXTI_LineCmd = ENABLE;//使能 LINE0
EXTI_Init(&EXTI_InitStructure);/

/* 配置 EXTI_Line2,3,4 */
EXTI_InitStructure.EXTI_Line = EXTI_Line2 | EXTI_Line3 | EXTI_Line4;
EXTI_InitStructure.EXTI_Mode = EXTI_Mode_Interrupt;//中断事件
EXTI_InitStructure.EXTI_Trigger = EXTI_Trigger_Falling;   //下降沿触发
EXTI_InitStructure.EXTI_LineCmd = ENABLE;//中断线使能
EXTI_Init(&EXTI_InitStructure);//配置
NVIC_InitStructure.NVIC_IRQChannel = EXTI0_IRQn;//外部中断 0
NVIC_InitStructure.NVIC_IRQChannelPreemptionPriority = 0x00;//抢占优先级 0
NVIC_InitStructure.NVIC_IRQChannelSubPriority = 0x02;//响应优先级 2
NVIC_InitStructure.NVIC_IRQChannelCmd = ENABLE;//使能外部中断通道
NVIC_Init(&NVIC_InitStructure);//配置 NVIC
NVIC_InitStructure.NVIC_IRQChannel = EXTI2_IRQn;//外部中断 2
NVIC_InitStructure.NVIC_IRQChannelPreemptionPriority = 0x03;//抢占优先级 3
NVIC_InitStructure.NVIC_IRQChannelSubPriority = 0x02;//响应优先级 2
NVIC_InitStructure.NVIC_IRQChannelCmd = ENABLE;//使能外部中断通道
NVIC_Init(&NVIC_InitStructure);//配置 NVIC
NVIC_InitStructure.NVIC_IRQChannel = EXTI3_IRQn;//外部中断 3
NVIC_InitStructure.NVIC_IRQChannelPreemptionPriority = 0x02;//抢占优先级 2
NVIC_InitStructure.NVIC_IRQChannelSubPriority = 0x02;//响应优先级 2
NVIC_InitStructure.NVIC_IRQChannelCmd = ENABLE;//使能外部中断通道
NVIC_Init(&NVIC_InitStructure);//配置 NVIC
NVIC_InitStructure.NVIC_IRQChannel = EXTI4_IRQn;//外部中断 4
NVIC_InitStructure.NVIC_IRQChannelPreemptionPriority = 0x01;//抢占优先级 1
NVIC_InitStructure.NVIC_IRQChannelSubPriority = 0x02;//响应优先级 2
NVIC_InitStructure.NVIC_IRQChannelCmd = ENABLE;//使能外部中断通道
NVIC_Init(&NVIC_InitStructure);//配置 NVIC
```

exti.h 头文件中主要包含一个函数申明，比较简单，这里不做过多讲解。接下来我们看下主函数，main 函数代码如下：

```
int main(void)
{
NVIC_PriorityGroupConfig(NVIC_PriorityGroup_2);//设置系统中断优先级分组 2
delay_init(168);    //初始化延时函数
uart_init(115200); //串口初始化
LED_Init();      //初始化 LED 端口
BEEP_Init();      //初始化蜂鸣器端口
EXTIX_Init();      //初始化外部中断输入
LED0=0;      //先点亮红灯
while(1)
{
printf("OK\r\n"); //打印 OK 提示程序运行
delay_ms(1000); //每隔 1s 打印一次
}
}
```

该部分代码也很简单，先设置系统优先级分组、延时函数及串口等外设，然后在初始化完中断后，点亮 LED0，就进入死循环等待了，这里死循环里面通过一个 printf 函数来告诉我们系统正在运行，在中断发生后，就执行相应的处理，从而实现外部中断的功能。

1.7　STM32 串口调试操作

本任务旨在让学生掌握 STM32 的串口功能，熟练使用串口打印需要的信息，或与其他串口设备进行通信。

1.7.1　串口简介

串口在单片机开发中经常用到，它有很多用途，如帮助开发人员调试代码、与其他单片机进行通信、采集串口数据分析等。

STM32F411 的串口资源比较丰富，提供了 3 个串口：USART1、USART2、USART6。这 3 个接口提供同步或异步通信，支持 IrDA SIR ENDEC 规范、多处理器通信模式、单线半双工通信模式，拥有 LIN 主/从属功能。USART1 和 USART6 能够以高达 12.5Mbps 的速度通信，USART2 最快以 6.25Mbps 的速度通信。USART1 和 USART2 还提供 CTS 和 RTS 信号的硬件管理、智能卡模式（符合 ISO 7816 标准）和类似 SPI 的通信功能。这三个串口都具有 DMA 功能。串口最基本的设置就是波特率的设置。STM32 的串口使用起来还是蛮简单的，只要开启了串口时钟，并设置相应 I/O 口的模式，然后配置波特率、数据位长度、奇偶校验位等信息，就可以使用了。

1.7.2　通过串口打印信息至串口助手

STM32F411 的串口配置主要总结为以下几步。

1. GPIO 时钟使能和 USART 时钟使能

```
__HAL_RCC_USART1_CLK_ENABLE(); //使能 USART1 时钟
__HAL_RCC_GPIOA_CLK_ENABLE(); //使能 GPIOA 时钟
```

2. 配置基本的 GPIO 口

- Pin：引脚。
- Mode：模式。
- Pull：上拉或下拉选择。
- Speed：速度选择。
- Alternate：备用功能映射。

```
GPIO_Initure.Pin=GPIO_PIN_9; //PA9
GPIO_Initure.Mode=GPIO_MODE_AF_PP; //复用推挽输出
GPIO_Initure.Pull=GPIO_PULLUP; //上拉
```

```
GPIO_Initure.Speed=GPIO_SPEED_ FAST; //高速
GPIO_Initure.Alternate=GPIO_AF7_USART1; //复用为 USART
HAL_GPIO_Init (GPIOA,&GPIO_Initure); //初始化 PA9
GPIO_Initure.Pin=GPIO_PIN_10; //PA10
HAL_GPIO_ Init(GPIOA,&GPIO_Initure); //初始化 PA10
```

3. 配置串口

- Instance：基地址，也就是串口号，在库函数中用串口号宏定义了基地址。

- BaudRate：波特率，这是非常重要的参数，波特率不一致的两个串口无法通信。

- WordLength：数据位，通常为 8，即一包数据的有效字符数。

- StopBits：停止位数，一般为 1。

- Parity：奇偶校验位，一般无。

- HwFlowCtl：硬件流控，一般无。

- Mode：启动（禁用）接收（发送）的模式。

- OverSampling：是否启用过采样，以实现更快的速度。

4. 调用底层接口，传入结构体参数，初始化 I/O 口和 USART

- HAL_UART_Init()：初始化 USART，传入参数为定义的串口结构体。

- HAL_GPIO_Init()：初始化 GPIO 口，传入的参数为 GPIOx、GPIO 结构体。

下面讲解 USART 的相关寄存器，主要有 USART_SR、USART_DR。

（1）USART_SR

该寄存器主要是 USART 的状态寄存器，标记了所有 USART 的事件标志位，通过查询其相关位，可以知道是否串口发送完成或者接收完成，其主要描述如图 1-86 所示。

31	30	29	28	27	26	25	24	23	22	21	20	19	18	17	16
Reserved															
15	14	13	12	11	10	9	8	7	6	5	4	3	2	1	0
Reserved						CTS	LBD	TXE	TC	RXNE	IDLE	ORE	NF	FE	PE
						rc_w0	rc_w0	r	rc_w0	rc_w0	r	r	r	r	r

位 31:10 保留，必须保持复位值

位 9 **CTS**：CTS 标志 (CTS flag)
如果 CTSE 位置 1，当 nCTS 输入变换时，此位由硬件置 1。通过软件将该位清零（通过向该位中写入 0）。如果 USART_CR3 寄存器中 CTSIE=1，则会生成中断。
0：nCTS 状态线上未发生变化
1：nCTS 状态线上发生变化
注意：该位不适用于 UART4 和 UART5。

位 8 **LBD**：LIN 断路检测标志 (LIN break detection flag)
检测到 LIN 断路时，该位由硬件置 1。通过软件将该位清零（通过向该位中写入 0）。如果 USART_CR2 寄存器中 LBDIE = 1，则会生成中断。
0：未检测到 LIN 断路
1：检测到 LIN 断路
注意：如果 LBDIE=1，则当 LBD=1 时生成中断

图 1-86　1USART 的事件标志位

位 7 TXE：发送数据寄存器为空 (Transmit data register empty)

当 TDR 寄存器的内容已传输到移位寄存器时，该位由硬件置 1。如果 USART_CR1 寄存器中 TXEIE 位 = 1，则会生成中断。通过对 USART_DR 寄存器执行写入操作将该位清零。

0：数据未传输到移位寄存器

1：数据传输到移位寄存器

注意：单缓冲区发送期间使用该位。

位 6 TC：发送完成 (Transmission Complete)

如果已完成对包含数据的帧的发送并且 TXE 置 1，则该位由硬件置 1。如果 USART_CR1 寄存器中 TCIE = 1，则会生成中断。该位由软件序列清零（读取 USART_SR 寄存器，然后写入 USART_DR 寄存器）。TC 位也可以通过向该位写入零来清零。建议仅在多缓冲区通信时使用此清零序列。

0：传送未完成

1：传送已完成

位 5 RXNE：读取数据寄存器不为空 (Read data register not empty)

当 RDR 移位寄存器的内容已传输到 USART_DR 寄存器时，该位由硬件置 1。如果 USART_CR1 寄存器中 RXNEIE = 1，则会生成中断。通过对 USART_DR 寄存器执行读入操作将该位清零。RXNE 标志也可以通过向该位写入零来清零。建议仅在多缓冲区通信时使用此清零序列。

0：未接收到数据

1：已准备好读取接收到的数据

位 4 IDLE：检测到空闲线路 (IDLE line detected)

检测到空闲线路时，该位由硬件置 1。如果 USART_CR1 寄存器中 IDLEIE = 1，则会生成中断。该位由软件序列清零（读入 USART_SR 寄存器，然后读入 USART_DR 寄存器）。

0：未检测到空闲线路

1：检测到空闲线路

位 3 ORE：上溢错误 (Overrun error)

在 RXNE = 1 的情况下，当移位寄存器中当前正在接收的字准备好传输到 RDR 寄存器时，该位由硬件置 1。如果 USART_CR1 寄存器中 RXNEIE = 1，则会生成中断。该位由软件序列清零（读入 USART_SR 寄存器，然后读入 USART_DR 寄存器）。

0：无上溢错误

1：检测到上溢错误

注意：当该位置 1 时，RDR 寄存器的内容不会丢失，但移位寄存器会被覆盖。如果 EIE 位置 1，则在进行多缓冲区通信时会对 ORE 标志生成一个中断。

位 2 NF：检测到噪声标志 (Noise detected flag)

当在接收的帧上检测到噪声时，该位由硬件置 1。该位由软件序列清零（读入 USART_SR 寄存器，然后读入 USART_DR 寄存器）。

0：未检测到噪声

1：检测到噪声

注意：如果 EIE 位置 1，则在进行多缓冲区通信时，该位不会生成中断，因为该位出现的时间与本身生成中断的 RXNE 位因 NF 标志而生成的时间相同。

注意：当线路无噪声时，可以通过将 ONEBIT 位编程为 1 提高 USART 对偏差的容差来禁止 NF 标志（请参见第 695 页的第 26.3.5 节：USART 接收器对时钟偏差的容差）。

位 1 FE：帧错误 (Framing error)

当检测到去同步化、过度的噪声或中断字符时，该位由硬件置 1。该位由软件序列清零（读入 USART_SR 寄存器，然后读入 USART_DR 寄存器）。

0：未检测到帧错误

1：检测到帧错误或中断字符

注意：该位不会生成中断，因为该位出现的时间与本身生成中断的 RXNE 位出现的时间相同。如果当前正在传输的字同时导致帧错误和上溢错误，则会传输该字，且仅有 ORE 位被置 1。

如果 EIE 位置 1，则在进行多缓冲区通信时会对 FE 标志生成一个中断。

位 0 PE：奇偶校验错误 (Parity error)

当在接收器模式下发生奇偶校验错误时，该位由硬件置 1。该位由软件序列清零（读取状态寄存器，然后对 USART_DR 数据寄存器执行读或写访问）。将 PE 位清零前软件必须等待 RXNE 标志被置 1。

如果 USART_CR1 寄存器中 PEIE = 1，则会生成中断。

0：无奇偶校验错误

1：奇偶校验错误

图 1-86　1USART 的事件标志位（续）

（2）USART_DR

该寄存器保存了 USART 的串口数据，详细描述如图 1-87 所示。

31	30	29	28	27	26	25	24	23	22	21	20	19	18	17	16
保留															

15	14	13	12	11	10	9	8	7	6	5	4	3	2	1	0
保留							DR[8:0]								
							rw	rw	rw	rw	rw	rw	rw	rw	rw

位 31:9 保留，必须保持复位值

位 8:0 **DR[8:0]**：数据值

包含接收到数据字符或已发送的数据字符，具体取决于所执行的操作是"读取"操作还是"写入"操作。

因为数据寄存器包含两个寄存器，一个用于发送 (TDR)，一个用于接收 (RDR)，因此它具有双重功能（读和写）。

TDR 寄存器在内部总线和输出移位寄存器之间提供了并行接口。

RDR 寄存器在输入移位寄存器和内部总线之间提供了并行接口。

在使能奇偶校验位的情况下（USART_CR1 寄存器中的 PCE 位被置 1）进行发送时，由于 MSB 的写入值（位 7 或位 8，具体取决于数据长度）会被奇偶校验位所取代，因此该值不起任何作用。

在使能奇偶校验位的情况下进行接收时，从 MSB 位中读取的值为接收到的奇偶校验位。

图 1-87　USART 的串口数据

1.7.3　串口的使用

本节说明串口是怎么打印数据到串口助手上的，以及如何从串口助手中接收数据。

首先经过 1.7.2 节的基本配置（GPIO 和 USART 初始化），RX（接收）引脚和 TX（发送）引脚已经配置为 USART 模式，引脚配置代码如图 1-88 所示，配置串口属性代码如图 1-89 所示。

```c
void DEBUG_UART_MspInit( UART_HandleTypeDef* huart )
{
    if( huart->Instance == DEBUG_USART )
    {
        GPIO_InitTypeDef  GPIO_InitStruct;
        /*##-1- Enable peripherals and GPIO Clocks #############################*/
        /* Enable GPIO TX/RX clock */
        DEBUG_USART_TX_GPIO_CLK_ENABLE();
        DEBUG_USART_RX_GPIO_CLK_ENABLE();
        /* Enable DEBUG_USART clock */
        DEBUG_USART_CLK_ENABLE();
        /*##-2- Configure peripheral GPIO #############################*/
        /* UART TX GPIO pin configuration  */
        GPIO_InitStruct.Pin       = DEBUG_USART_TX_PIN;
        GPIO_InitStruct.Mode      = GPIO_MODE_AF_PP;
        GPIO_InitStruct.Pull      = GPIO_PULLUP;
        GPIO_InitStruct.Speed     = GPIO_SPEED_FAST;
        GPIO_InitStruct.Alternate = DEBUG_USART_TX_AF;
        HAL_GPIO_Init( DEBUG_USART_TX_GPIO_PORT, &GPIO_InitStruct );
        /* UART RX GPIO pin configuration  */
        GPIO_InitStruct.Pin = DEBUG_USART_RX_PIN;
        GPIO_InitStruct.Alternate = DEBUG_USART_RX_AF;
        HAL_GPIO_Init( DEBUG_USART_RX_GPIO_PORT, &GPIO_InitStruct );
        HAL_NVIC_EnableIRQ( DEBUG_USART_IRQ );
        HAL_NVIC_SetPriority( DEBUG_USART_IRQ, 3, 3 );
        AppSetIrq( DEBUG_USART_IRQ,  3,  3,  DEBUG_USART_IRQHandler );
    }
}
```

图 1-88　引脚配置

```
void DEBUG_USART_Init( void )
{
    UART_HandleTypeDef DEBUG_USART_Handle;

    DEBUG_USART_Handle.Instance          = DEBUG_USART;
    DEBUG_USART_Handle.Init.BaudRate     = DEBUG_USART_BAUDRATE;
    DEBUG_USART_Handle.Init.WordLength   = UART_WORDLENGTH_8B;
    DEBUG_USART_Handle.Init.StopBits     = UART_STOPBITS_1;
    DEBUG_USART_Handle.Init.Parity       = UART_PARITY_NONE;
    DEBUG_USART_Handle.Init.HwFlowCtl    = UART_HWCONTROL_NONE;
    DEBUG_USART_Handle.Init.Mode         = UART_MODE_TX_RX;
    DEBUG_USART_Handle.Init.OverSampling = UART_OVERSAMPLING_16;
    if( HAL_UART_Init( &DEBUG_USART_Handle ) != HAL_OK )
    {
        /* Initialization Error */
        _Error_Handler( __FILE__ , __LINE__ );
    }
    __HAL_UART_ENABLE_IT( &DEBUG_USART_Handle, UART_IT_RXNE );
    __HAL_UART_ENABLE_IT( &DEBUG_USART_Handle, UART_IT_IDLE );
    return;
}
```

图 1-89　配置串口属性

这个时候只需要调用 stm32f4xx_hal_uart.h 头文件提供的接口，即可实现简单的发送数据。硬打印代码如图 1-90 所示。

```
void DEBUG_USART_Handle_Transmit( const uint8_t* pData, uint16_t Size )
{
    if( HAL_UART_Transmit( &DEBUG_USART_Handle, ( uint8_t* )pData, Size, 1000 ) != HAL_OK )
    {
        // _Error_Handler( __FILE__ , __LINE__ );
    }
}
```

图 1-90　硬打印

其中，HAL_UART_Transmit 函数为底层接口，只需传入定义的全局结构体、要发送的数据及数据长度，超时时间即可通过定义成功的串口发送数据给串口助手。

而从串口助手接收数据，就需要在 GPIO 口进行配置。在 USART 配置下，额外增加 USART 的中断配置（包含在 GPIO 配置中），配置完后，调用底层的中断入口函数名，在该函数下接收数据并跳转处理，服务子函数代码如图 1-91 所示。

其中数据存储在 uart_rx_buffer[]数组中，该数组是全局变量，可以在代码其他任何位置查看或处理该数据，前提是申明了该数组定义。

```
void DEBUG_USART_IRQHandler( void )
{
    static uint8_t Res;
    if( ( __HAL_UART_GET_FLAG( &DEBUG_USART_Handle, UART_FLAG_RXNE ) != RESET ) )
    { //接收未完成  -- USART_RX_STA 等特用户使用接受到数据清零
        HAL_UART_Receive( &DEBUG_USART_Handle, &Res, 1, 1000 );
        if( ( USART_RX_STA & 0x8000 ) == 0 )
        {
            if( USART_RX_STA & 0x4000 ) //接收到0x0d
            {
                if( Res != 0x0a )
                {
                    USART_RX_STA = 0;     /*接收错误*/
                }
                else
                {
                    USART_RX_STA |= 0x8000;   /*接收完成*/
                    len = USART_RX_STA & 0x3fff;
                    USART_RX_STA = 0;
                }
            }
            else    /*还没有接收到0x0d*/
            {
                if( Res == 0x0d ) //接收到0x0d
                {
                    USART_RX_STA |= 0x4000;
                }
                else        /* 接收到数据*/
                {
                    uart_rx_buffer[USART_RX_STA & 0X3FFF] = Res;
                    USART_RX_STA++;
                    if( USART_RX_STA > ( uart_rx_buffer_size - 1 ) )
                    {
                        USART_RX_STA = 0;     /*超出最大接受buff清零*/
                    }
                }
            }
        }
    }
    if( ( __HAL_UART_GET_FLAG( &DEBUG_USART_Handle, UART_FLAG_IDLE ) != RESET ) )
    {//clear IT_UART_FLAG_IDLE
        Res = ( uint8_t )( ( &DEBUG_USART_Handle )->Instance->DR & ( uint8_t )0x00FF );
    }
    HAL_UART_IRQHandler( &DEBUG_USART_Handle );
}
```

图 1-91　服务子函数

任务实训

实训内容：制作一个串口打印实验，操作步骤如下。

步骤 1：新建工程（在这里使用的是 STM32CubeMX 工具），具体步骤如图 1-92 所示。

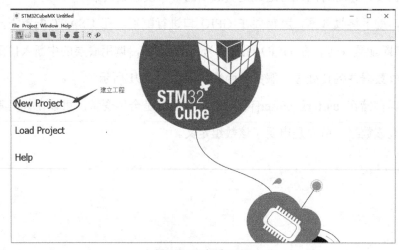

图 1-92　新建工程

步骤 2：选择芯片的型号，具体设置如图 1-93 所示。

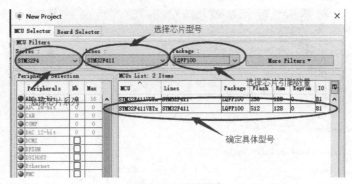

图 1-93　选择芯片

步骤 3：配置并使能 RCC 时钟引脚，设置如图 1-94 所示。

图 1-94　配置使能 RCC 时钟引脚

步骤 4：配置时钟树（从左到右，配置完成后请尽量保存配置），如图 1-95 所示。

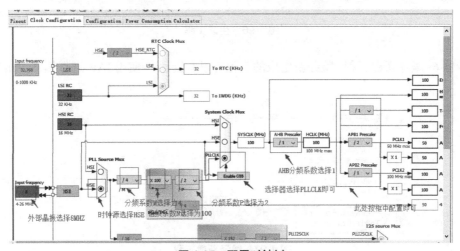

图 1-95　配置时钟树

步骤 5：生成工程，具体操作如图 1-96 所示。

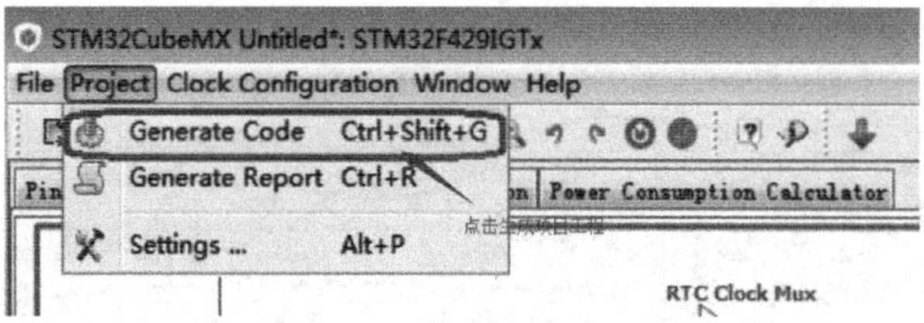

（a）

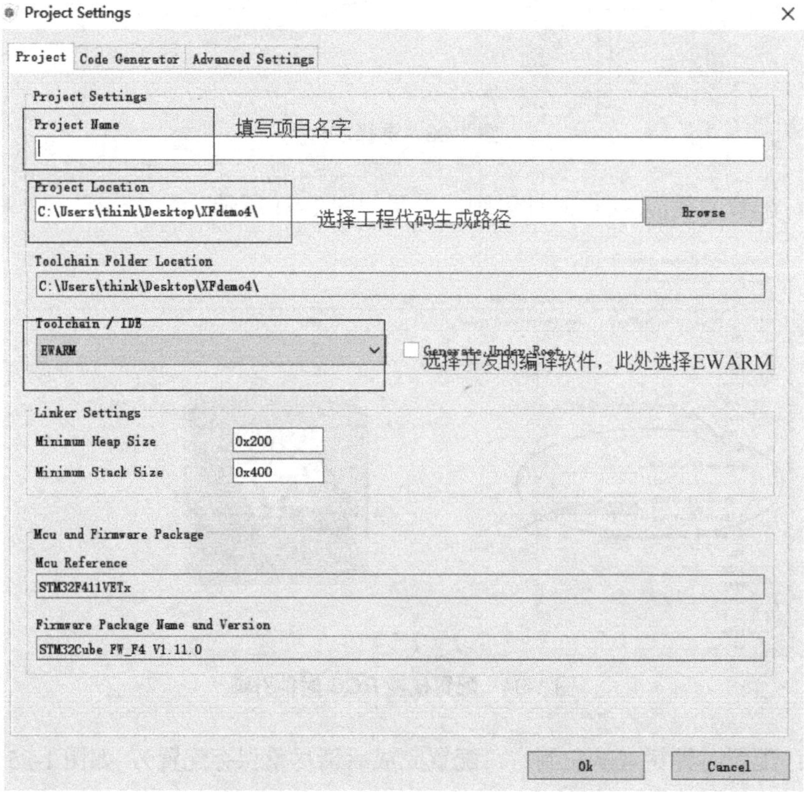

（b）

图 1-96　生成工程

步骤 6：编译新建工程（验证新生成的工程有没有错误），使用 IAR 进行编译，如图 1-97 所示。

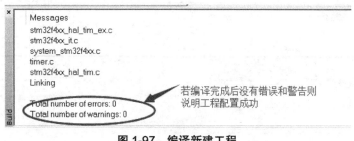

图 1-97　编译新建工程

步骤 7：移植外设驱动库（把成品的驱动库文件复制到新建工程的驱动目录下），具体操作如图 1-98 所示。

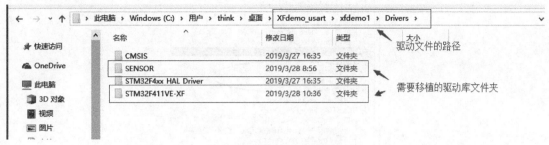

图 1-98　移植外设驱动库

步骤 8：在新建工程目录下的 Drivers 中新建 Group，生成 bsp 文件夹，具体步骤如图 1-99 所示。

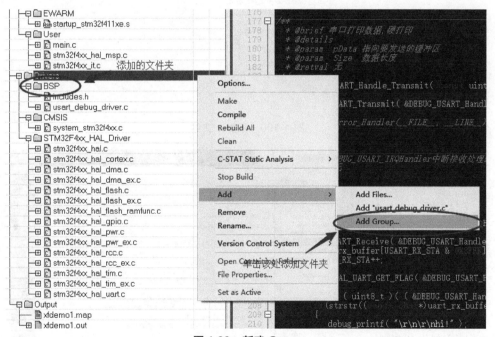

图 1-99　新建 Group

步骤 9：在 bsp 文件夹中添加.c 文件（成品的库函数，将需要的库函数框起来），如图 1-100 所示。

步骤 10：添加驱动库的路径（找.h 文件），具体操作如图 1-101 所示。

步骤 11：定义宏，具体设置如图 1-102 所示。

图 1-100　添加.c 文件

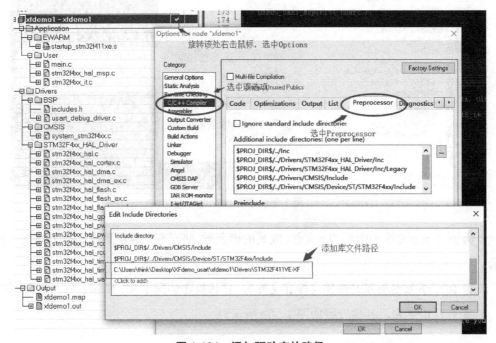

图 1-101　添加驱动库的路径

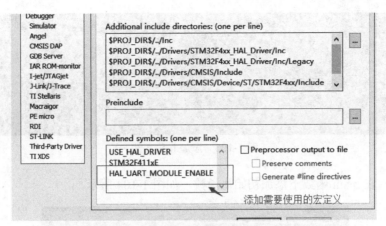

图 1-102 定义宏

步骤 12：在 usart_debug_driver.c 下的串口中断接收处理函数（DEBUG_USART_ IRQHandler()）中添加数据处理的代码，代码如下所示：

```
static uint8_t Res;
if( __HAL_UART_GET_FLAG( &DEBUG_USART_Handle, UART_FLAG_RXNE ) != RESET ))
{
    HAL_UART_Receive( &DEBUG_USART_Handle, &Res, 1, 1000 );/*将数据存放到 uart_rx_buffer 数组中*/
    uart_rx_buffer[USART_RX_STA & 0X3FFF] = Res;
    USART_RX_STA++;
}
if( __HAL_UART_GET_FLAG( &DEBUG_USART_Handle, UART_FLAG_IDLE ) != RESET ))/*在接收完一帧数据之
后，将数据回显*/
{
    Res = ( uint8_t )( ( &DEBUG_USART_Handle )->Instance->DR & ( uint8_t )0x00FF ); //clear IT_UART_FLAG_IDLE
    if(strstr((const char*)uart_rx_buffer,"Hello!")!=NULL)
    {
        debug_printf( "\r\n\r\nhi!" );
    }
    if(strstr((const char*)uart_rx_buffer,"who are you?")!=NULL)
    {
        debug_printf( "\r\nI am xunfang" );
    }
    //HAL_UART_Transmit( &DEBUG_USART_Handle, ( uint8_t* )uart_rx_buffer, USART_RX_STA, 5000 );
    USART_RX_STA = 0;
}
HAL_UART_IRQHandler( &DEBUG_USART_Handle );/*中断处理函数*/
```

步骤 13：在 includes.h 下添加相关头文件（数码管和定时器），代码如下所示：

```
/*bsp*/
#include <delay.h>
#include <bsp_gpio.h>
#include <usart_debug_driver.h>
```

步骤 14：在 main.c 下添加头文件#include <includes.h>，如图 1-103 所示。

图 1-103   添加.h 头文件

步骤 15：在 main 函数下添加初始化函数，如图 1-104 所示。

图 1-104   初始化函数

步骤 12：下载程序验证，硬打印效果如图 1-105 所示。

图 1-105   硬打印效果图

 项目小结

本次项目 1 开始简要介绍了 Cortex-M4 内核，以及硬件实验平台的各种资源，后面讲解了 STM32F411VE 这款芯片，并使用了它的基础外设让读者更加了解 STM32F4 的开发环境和开发资源及如何去开发 STM32 芯片。

希望通过本次项目，使得读者在后面的学习中会更加轻松，同时对 STM32 的了解也更加深刻，如对 STM32 其他外设有更加深入的兴趣，可以自行查找相关资料。一个嵌入式开发者必须掌握一个操作系统，如对操作系统有很大的兴趣，我们在下一个项目中也加入了对其的讲解，所以读者在完成本项目后，可以继续进行下一个项目的开发。

思考题

一、思考题

1. 总结 ARM 公司近几年研发并推出的架构，并分析这些架构的不同，以及分别擅长的领域。

2. 当更换一款新的 ARM 芯片，我们在哪些地方需要加以注意？

3. 在使用库函数的同时，看看库函数底层到底做了什么？

4. 是否能熟练使用 STM32 的复用功能？总结一下复用在实际使用中的好处。

5. 简述 Cortex-M3 和 Cortex-M4 的主要不同点。

6. 用 IAR 移植 STM32F411VE 的官方库函数，并编写一个按时控制点亮 4 个 LED 灯的代码。

7. 编写一个 I2C 驱动，观察时序是否正确。

8. 编写一个驱动步进电机的底层接口。

二、选择题

1. Cortex-M4 处理器的优点有（　　）。

A. 低功耗　　　　B. 应用广　　　　C. 门槛低　　　　D. 实用性强

2. 下列哪个是时钟系统中的时钟源。（　　）

A. LSI　　　　B. LSS　　　　C. LCC　　　　D. LII

3. HAL_GPIO_TogglePin 函数代表（　　）。

A. 反转 GPIO 口状态　　　　　　B. 正转 GPIO 口状态

C. 使能 I/O 接口　　　　　　　　D. 使能 GPIO 接口

4. Pin 函数代表（　　）。

A. 引脚　　　　B. 引线　　　　C. 模块　　　　D. 轨道

三、填空题

1. STM32F411xE 基于高性能的 Cortex-M4 32-RISC（精简指令集）内核，工作频率高达_____MHz。

2. Cortex-M4 处理器适用领域，包括_____、_____、_____。

3. STM32F4 提供了_____个定时器，分别是_____、_____两种定时器。

4. ARM 处理器有两个指令集，分别为_____、_____；对应的状态分别是_____、_____。

四、综合实践题

1. 基于 STM32CubeMX 工具，简述串口打印实验过程。

2. 在操作 LED 灯测试实验时，编译完成后，出现错误的原因是什么？

3. 会使用工具进行 TM32F411 的总线架构图绘制。

4. 自行对比 51 单片机和 TM32F411 的总线架构。

教学导航

本项目通过 LiteOS 操作系统的操作，让学生亲身实践和体验 LiteOS 操作系统的初步应用，加深学生对 LiteOS 操作系统的认知。从基础到深入，由认知到实践，分步教学。首先让学生初步认知 LiteOS 操作系统，搭建好实训开发环境，为后续的轻量级 LiteOS 的应用实践奠定基础。然后引导学生去了解嵌入式实时操作系统的概念，以及 LiteOS 的特点、优势和架构，熟悉 IAR 的使用，使学生能初步使用 IAR 搭建实训开发环境。

知识目标	1. 了解 LiteOS 操作系统的特点、优势 2. 熟悉 LiteOS 操作系统的架构
能力目标	1. 会安装 IAR 开发工具 2. 会进行 STLINK 驱动安装 3. 会使用 XCOM 调试助手
重点、难点	IAR 开发工具的使用
推荐教学方式	了解 LiteOS 操作系统，让学生亲身实践和体验 LiteOS 操作系统的初步应用
推荐学习方式	注重理论与实践的结合。实训开发环境的搭建要认真操作、反复训练

知识准备

2.1　Huawei LiteOS Kernel 基本框架

Huawei LiteOS Kernel 是轻量级的实时操作系统，是华为 IoT OS 的内核。

Huawei LiteOS 基础内核是最精简的 Huawei LiteOS 操作系统代码，包括任务管理、内存管理、时间管理、通信机制、中断管理、队列管理、事件管理、定时器、异常管理等操作系统基础组件，可以单独运行。Huawei LiteOS Kernel 的基本框架图如图 2-1 所示。

Huawei LiteOS Kernel 的基本框架各模块简介如下。

1. 任务

● 提供任务的创建、删除、延迟、挂起、恢复等功能，以及锁定和解锁任务调度。

● 支持任务按优先级高低抢占调度及同优先级时间片轮转调度。

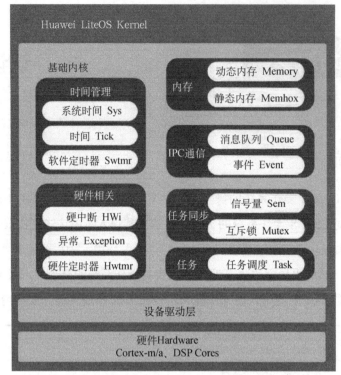

图 2-1　Huawei LiteOS Kernel 的基本框架图

2. 任务同步

● 信号量：支持信号量的创建、删除、申请和释放等功能。

● 互斥锁：支持互斥锁的创建、删除、申请和释放等功能。

3. 硬件相关

提供中断、定时器等功能。

● 硬中断：提供中断的创建、删除、使能、禁止、请求位的清除等功能。

● 硬件定时器：提供定时器的创建、删除、启动、停止等功能。

● 异常：异常接管是指在系统运行过程中发生异常后，跳转到异常处理信息的子函数，打印当前发生异常函数调用栈信息，或者保存当前系统状态的一系列动作。Huawei LiteOS 的异常接管，会在异常后打印发生异常的任务 ID 号、栈大小，以及 LR、PC 等寄存器信息。

4. IPC 通信

提供事件、消息队列功能。

● 事件：支持读事件和写事件功能。

● 消息队列：支持消息队列的创建、删除、发送和接收功能。

5. 时间管理

● 系统时间：系统时间是由定时/计数器产生的输出脉冲触发中断而产生的。

● 时间：Tick 是操作系统调度的基本时间单位，对应的时长由系统主频及每秒 Tick 数决定，由用户配置。

● 软件定时器：以 Tick 为单位的定时器功能，软件定时器的超时处理函数在系统创建的 Tick 软中断中被调用。

6. 内存

● 提供静态内存和动态内存两种算法，支持内存申请、释放。目前支持的内存管理算法有固定大小的 BOX 算法、动态申请 DLINK 算法。

● 提供内存统计、内存越界检测功能。

2.2   IAR 介绍

IAR Embedded Workbench 是一套用于编译和调试嵌入式系统应用程序的开发工具，支持汇编、C 和 C++语言。它提供完整的集成开发环境，包括工程管理器、编辑器、编译链接工具和 C-SPY 调试器。IAR Systems 以其高度优化的编译器而闻名。每个 C/C++编译器不仅包含一般全局性的优化，也包含针对特定芯片的低级优化，以充分利用所选芯片的所有特性，确保较小的代码尺寸。IAR Embedded Workbench 能够支持由不同的芯片制造商生产且种类繁多的 8 位、16 位或 32 位芯片。

🖥 任务实训

实训内容：制作一个按键秒表中断实验。

步骤 1：新建工程（使用的是 STM32CubeMX 工具），详细步骤参考项目 1 的 1.1 的任务实训内容。

步骤 2：编译新建工程（验证新生成的工程有没有错误），使用 IAR 进行编译，如图 2-2 所示。

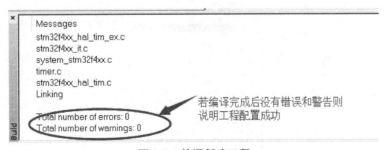

图 2-2   编译新建工程

步骤 3：移植外设驱动库（把成品的驱动库文件复制到新建工程的驱动目录下），具体操作如图 2-3 所示。

图 2-3　移植外设驱动库

步骤 4: 在新建工程目录下的 Drivers 里面新建 Group，生成 bsp 文件夹，如图 2-4 所示。

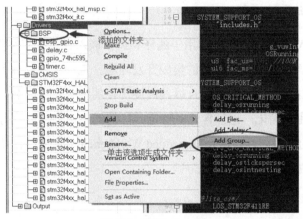

图 2-4　新建 Group

步骤 5: 在 bsp 文件夹中添加.c 文件（成品的库函数，将需要的库函数框起来），如图 2-5 所示。

图 2-5　添加.c 文件

步骤 6：添加驱动库的路径（找.h 文件），具体设置如图 2-6 所示。

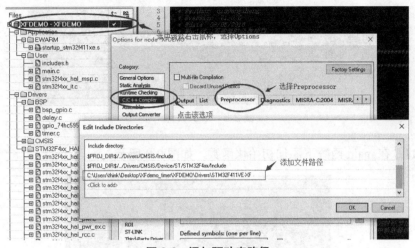

图 2-6　添加驱动库路径

步骤 7：定义宏，主要是对宏进行编译，如图 2-7 所示。

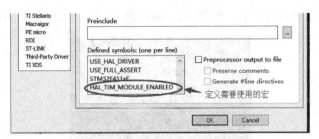

图 2-7　定义宏

步骤 8：在 timer.c 下的定时器中断服务函数（HAL_TIM_PeriodElapsedCallback(TIM_HandleTypeDef *htim)）中添加计数部分代码，代码如下所示：

```
time++;
ge = time%10;
shi = time/10%10;
bai = time/100%10;
qian = time/1000%10;
if(qian == 9 &&bai == 9 &&shi == 9 &&ge== 9 )
{
   time =0;
}
SET_SHOW_595(qian,bai,shi,ge); /*单位是 200ms*/
```

步骤 9：在 includes.h 下添加相关头文件（数码管和定时器），代码如下：

```
#include <delay.h>
#include <bsp_gpio.h>
#include "timer.h"
#include <gpio_74hc595_driver.h>
```

步骤 10：在 main.c 下添加#include <includes.h>头文件，如图 2-8 所示。

图 2-8 .h 头文件

步骤 11：在 main 函数下添加初始化函数，如图 2-9 所示。

图 2-9 初始化函数

步骤 12：在 while(1)循环下添加数码管实时扫描函数，如图 2-10 所示。

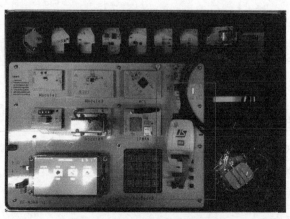

图 2-10 扫描函数

步骤 13：下载程序验证，通过 ST-LINK 仿真器连接物联网认证实验箱，如图 2-11 所示。秒表中断实验效果如图 2-12 所示。

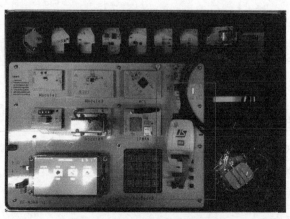

图 2-11 ST-LINK 仿真器连接

图 2-12　秒表终端效果

思考题

1. Huawei LiteOS Kernel 的基本框架有哪些，各有什么功能？

2. 如何搭建实训开发环境？

项目 3　　　　　　LiteOS 系统的移植与调试

教学导航

本项目旨在让学生将 LiteOS 操作系统内核移植到第三方开发板上，并成功运行系统。从基础到深入，由认知到实践，分步教学。引导学生了解 LiteOS 操作系统内核移植的原因和方法，熟悉 LiteOS 操作系统移植到 STM32F411 的步骤、STM32 的启动方法，使学生学会 LiteOS 操作系统的移植。

知识目标	1.熟悉 LiteOS 操作系统移植到 STM32 的步骤 2.熟悉 STM32 启动流程
能力目标	1.会启动 STM32 2.会移植 LiteOS 操作系统并烧写到硬件上验证
重点、难点	LiteOS 操作系统的移植
推荐教学方式	了解 LiteOS 操作系统的操作，让学生实践和体验 LiteOS 操作系统的移植
推荐学习方式	注重理论与实践的结合。要加强理解关键程序代码，每次操作都要认真去调试，移植步骤要认真操作、反复训练

知识准备

3.1　开发板

要想学好 RTOS，首先需要准备一套嵌入式开发实训平台，即开发板（也有称为评估板、测试板、学习板等）。如果开发者手上有华为官方推荐的开发板，则可以直接使用移植好的编译工程。如果手上的开发板没有对应的编译工程，则需要进行 OS 移植。Huawei LiteOS 目前已经成功适配了数十款基于 ARM Cortex 内核的开发板，包括市面上常见的 STM32F0、STM32F1、STM32F3、STM32F4、STM32F7、STM32L1、STM32L4 全系列产品和 NXP i.MAX RT10XX 系列等多种主流芯片。本教程中使用 STM32F4。

在进行 RTOS 移植之前，需要先准备好以下工具之一。

● STM32 串口程序下载：STM32 的程序下载有多种方式，如 USB、串口、JTAG、SWD 等，这几种方式都可以用来下载 STM32 代码。这其中最经济、最简单的方式，就是通过串口下载 STM32 代码。

● STJTAG/SWD 程序下载与调试：串口只能下载代码，并不能实时跟踪调试，而利用调试工具，比如 J-LINK、U-LINK、ST-LINK 等就可以实时跟踪程序，并从中找到程序中的 BUG。本教程中使用 ST-LINK 仿真器。

在开始项目前需要准备软件，主流的 ARM Cortex M 系列微控制器集成开发环境为：IAR 是华为开发者社区开源的工程基于该 IDE；GCC + Eclipse 需要自行安装插件；调试环境需要配置，或 MDK。

准备第三方 STM32 开发板裸机工程模板，获取需要移植的开发板的资料，包括开发板例程和硬件原理图。

3.2　软件设计

3.2.1　程序流程图

如图 3-1 所示，程序从 main 函数开始，开始初始化 STM32F411 MCU（微处理器）的时钟、中断分组，完成了这一步就可以实现 MCU 的正常运行。接下来，初始化华为 LiteOS 嵌入式实时内核，这一步主要根据用户配置的系统参数，对内核实现裁剪（如是否使用队列、信号量、中断等，这些都可以根据用户需求自行裁剪，以达到减小代码开销）；然后，初始化 Tick 时钟节拍（滴答节拍时钟）为系统内核运行提供"心跳"。接着，初始化用户驱动层，为用户应用层操作做准备，如本模块只初始化了 Leds 引脚。接着创建用户应用层任务，用户在任务中实现自己的业务。最后，开启系统内核运作，由 LiteOS 内核掌控 MCU 的使用权。

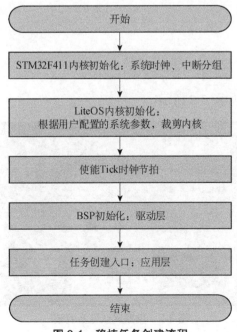

图 3-1　移植任务创建流程

3.2.2 代码分析

这里只讲解核心部分的代码，有些变量的设置、头文件的包含等可能不会涉及，完整的代码请参考本项目配套的工程文件。

为了使工程更加有条理，我们将驱动层代码和应用层业务独立分开存储，方便以后开发。在 los_demo_entry.c 及 los_demo_entry.h 文件中编写的是用户业务创建接口函数，gpio_leds_driver.c 及 gpio_leds_driver 文件中编写的是 Leds 驱动函数。这些文件不属于 STM32 标准库，是由我们自己根据应用需要编写的。

1. 用户任务调用接口

> 功能：创建一个任务用于创建用户任务
>
> 函数定义：void LOS_Demo_Entry(void)
>
> 输入参数：无
>
> 返回：无

2. 创建用户任务的任务函数

> 功能：用户任务入口，在本项目的任务体中添加了 LED 闪烁函数
>
> 函数定义：void LOS_Demo_Entry(void)
>
> 输入参数：无
>
> 返回：无

3.3 实训设备

3.3.1 硬件设备

物联网认证实验箱，如图 3-2 所示。

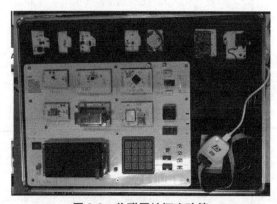

图 3-2　物联网认证实验箱

ST-LINK 仿真器一个，如图 3-3 所示。

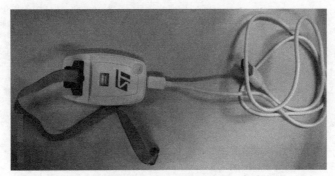

图 3-3　ST-LINK 仿真器

设备连接，如图 3-4 所示。

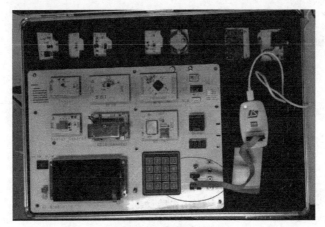

图 3-4　设备连接

3.3.2　软件设备

软件设备包括 IAR 开发环境、ST-LINK 驱动程序。

任务实训

实训内容：移植 LiteOS 操作系统并烧写到硬件上验证。

步骤 1：做好移植准备工作

首先准备能在 STM32F411 实训板上运行的裸机程序，然后准备移植资源包，裸机工程目录和移植资源包目录分别如图 3-5 和图 3-6 所示。

Drivers 文件夹包含 CMSIS 与 STM32F4xx_HAL_Driver 两个文件，都是官方提供的文件，CMSIS 文件是 Cortex-M 内核的软件接口标准文件，STM32F4xx_HAL_Driver 是 ST 提供的 HAL 固件库。

图 3-5 裸机工程目录

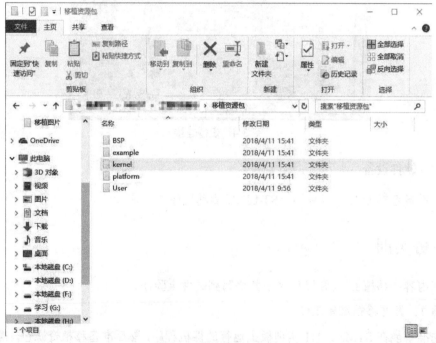

图 3-6 移植资源包目录

EWARM 文件夹包含裸机项目文件 Project.eww 和其他文件。

Inc 文件夹包含一些工程所需的源文件。

Src 文件夹包含一些工程所需的头文件。

BSP 文件夹包含 STM32F4xx-Nucleo 和 STM32F411VE-XF 文件夹，其中 STM32F4xx-Nucleo 包含 ST 官方提供的 STM32F4xx-Nucleo 型号的固件文件，STM32F411VE-XF 包含已经适配 STM32F411VE 芯片的 GPIO 驱动文件。

example 文件夹包含华为官方提供的任务例程文件。

kernel 文件夹包含 LiteOS 系统最精简的内核文件。

platform 文件夹包含 STM32F411RE-NUCLEO 文件夹，其中包含已经适配的平台驱动文件。

User 文件夹包含 mian.c 文件，是一个可运行 LiteOS 系统的主函数文件。

步骤 2：向裸机工程中复制文件夹

（1）将移植资源包目录中的 example、kernel、platform、User 文件夹复制到裸机工程根目录下。

（2）将移植资源包目录中的 BSP 文件夹复制到裸机工程根目录下的 Drivers 文件夹中。

步骤 3：打开裸机工程

打开的裸机工程界面如图 3-7 所示。

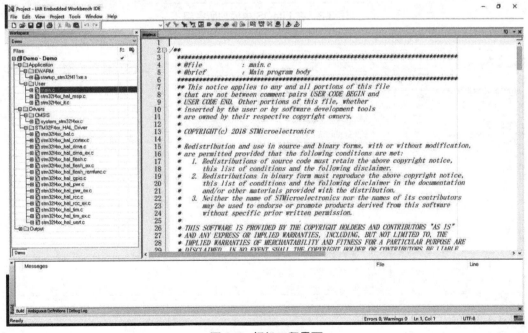

图 3-7　裸机工程界面

步骤 4：将移植文件添加到工程中

1. 添加组

添加所需组及操作界面如图 3-8 和图 3-9 所示。

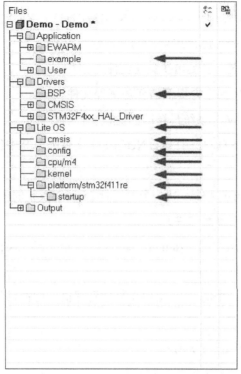

图 3-8　在 LiteOS 中添加所需组

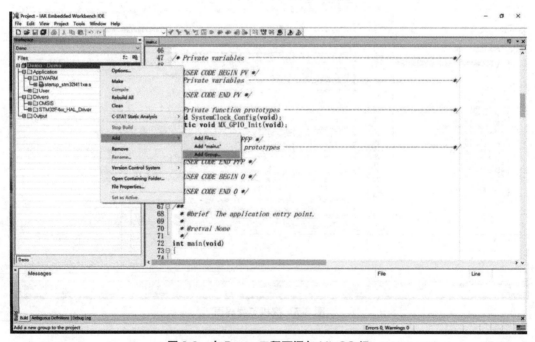

图 3-9　在 Demo 工程下添加 LiteOS 组

（1）在 Demo 工程下添加 LiteOS 组。

（2）在 LiteOS 下添加 cmsis 组。

（3）在 LiteOS 下添加 config 组：用于添加 Lite_os 系统的配置文件。

（4）在 LiteOS 下添加 cpu/m4 组：用于添加与 cpu/m4 底层驱动有关的文件。

（5）在 LiteOS 下添加 kernel 组：用于添加 Lite_os 内核文件。

（6）在 LiteOS 下添加 platform 组：用于存放内核与 CPU 相关的平台文件。

（7）在 platform/stm32f411re 下添加 startup 组：用于存放 CPU 启动文件。

（8）在 Application 下添加 example 组：用于存放应用层业务代码文件。

（9）在 Drivers 下添加 BSP 组：用于存放用户驱动层代码文件。

2. 添加文件

在添加的组中添加所需文件，如图 3-10～图 3-12 所示。

（1）在 example 下添加 Demo\example\api 文件夹中的全部文件。

（2）在 BSP 下添加 Demo\Drivers\BSP\STM32F4xx-Nucleo 下的.c 文件。

（3）在 BSP 下添加 Demo\Drivers\BSP\STM32F411VE-XF 下的.c 文件。

（4）在 BSP 下添加\Demo\Drivers\BSP\STM32F411VE-XF 下的 bsp_gpio.c、gpio_leds_driver.c 文件。

（5）在 cmsis 下添加 Demo\kernel\cmsis 下的 cmsis_LiteOS.c 文件。

（6）在 config 下添加 Demo\kernel\config 下的 config.c 文件。

（7）在 cpu/m4 下添加 Demo\kernel\cpu\arm\cortex-m4 下的 los_dispatch_iar.s 与全部.c 文件。

（8）在 kernel 下添加 Demo\kernel\base\core 下的 6 个.c 文件。

图 3-10　添加所需文件

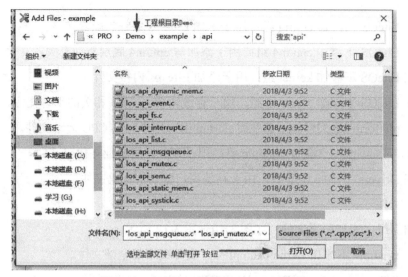

图 3-11　在 Demo 下添加 example 文件

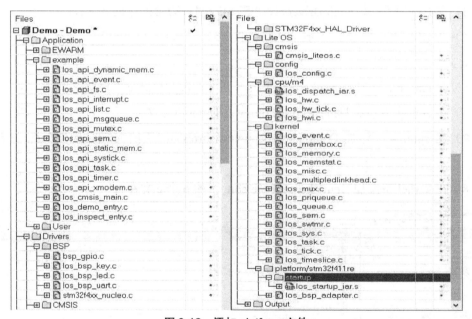

图 3-12　添加 platform 文件

（9）在 kernel 下添加 Demo\kernel\base\ipc 下的 4 个.c 文件。

（10）在 kernel 下添加 Demo\kernel\base\mem 下的 4 个.c 文件。

（11）在 kernel 下添加 Demo\kernel\base\misc 下的 1 个.c 文件（注：一共有 15 个.c 文件）。

（12）在 platform/stm32f411re 下添加 Demo\platform\STM32F411RE-NUCLEO 下的 los_bsp_adapter.c 文件。

（13）在 startup 下添加 Demo\platform\STM32F411RE-NUCLEO 下的 los_startup_iar.s 文件。

3. 移除无用文件

移除无用组 EWARM 及其下属文件，EWARM 下的文件是裸机工程的启动文件，移植以后没有用处，操作如图 3-13 和图 3-14 所示。

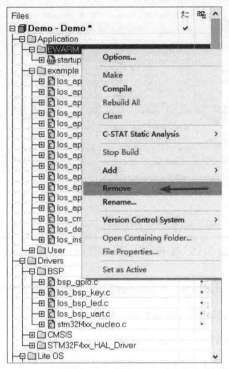

图 3-13　移除无用文件

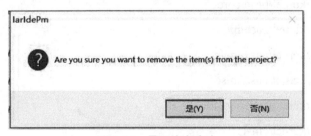

图 3-14　是否确定移除

步骤 5：替换 mian.c

先移除 User 组下的 main.c 文件，再添加 Demo\User 下的 mian.c 文件，新的 main.c 文件可以直接运行在 LiteOS 系统，不用自己编写。

步骤 6：添加头文件及宏定义

打开工程，右击，在弹出的快捷菜单中选择"Options"，如图 3-15 所示，在打开的对话框中，选择"C/C++ Compiler"选项。

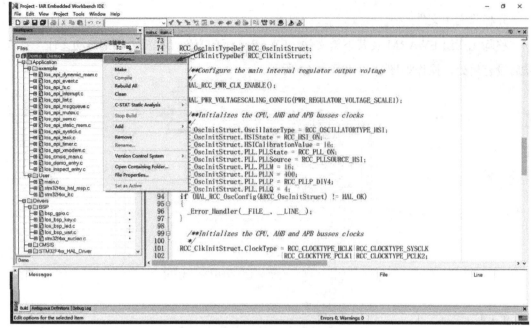

图 3-15　工程 Options 中找到 Preprocessor

在"Additional include directors:（one per line）"框中添加如下内容：

$PROJ_DIR$/../Drivers/BSP/STM32F4xx-Nucleo

$PROJ_DIR$/../Drivers/BSP/STM32F411VE-XF

$PROJ_DIR$/../example/include

$PROJ_DIR$/../kernel/base/core

$PROJ_DIR$/../kernel/base/ipc

$PROJ_DIR$/../kernel/base/mem

$PROJ_DIR$/../kernel/base/misc

$PROJ_DIR$/../kernel/base/include

$PROJ_DIR$/../kernel/cmsis

$PROJ_DIR$/../kernel/config

$PROJ_DIR$/../kernel/cpu/arm/cortex-m4

$PROJ_DIR$/../kernel/link/iar

$PROJ_DIR$/../kernel/include

$PROJ_DIR$/../platform/STM32F411RE-NUCLEO

（注：$PROJ_DIR$代表工程所在目录，/代表目录分隔符，..代表返回上一级目录）

在"Defined symbols:（one per line）"框中添加"LOS_STM32F411RE"，如图 3-16
所示。

图 3-16　添加 LOS_STM32F411RE

步骤 7：编译

1. 第一次编译

单击"Make"按钮进行编译，结果如图 3-17 所示。

图 3-17　第一次编译结果

2. 修改错误

从编译的结果中可以发现一共有 5 个错误，针对前两个错误 Error[Li006]，错误原因：函数重复定义。

Error[Li006]: duplicate definitions for "PendSV_Handler";

Error[Li006]: duplicate definitions for "SysTick_Handler";

修改方法，如图 3-18 所示。

（1）打开 stm32f4xx_it.c 文件。

（2）将 PendSV_Handler 与 SysTick_Handler 注释掉。

针对后三个错误，错误原因：函数没有定义。

Error[Li005]: no definition for "HAL_UART_Init" [referenced from los_bsp_uart.o]

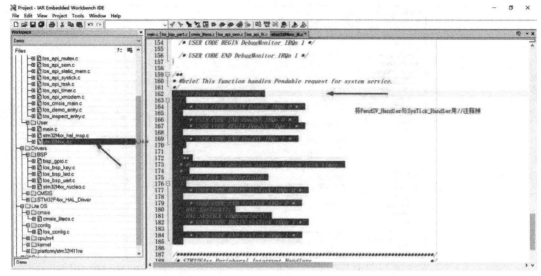

图 3-18　打开 stm32f4xx_it.c 文件并注释

Error[Li005]: no definition for "HAL_UART_Receive_IT" [referenced from los_bsp_uart.o]

Error[Li005]: no definition for "HAL_UART_Transmit" [referenced from los_bsp_uart.o]

修改方法，如图 3-19 所示。

先打开 los_bsp_uart.c 文件，找到 stm32f4xx_hal_conf.h，打开"#define HAL_UART_MODULE_ENABLED"的注释。

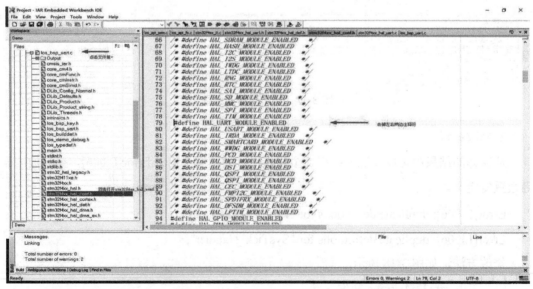

图 3-19　打开"#define HAL_UART_MODULE_ENABLED"的注释

3. 第二次编译

再次编译，结果无错误，如图 3-20 所示。

```
Messages
Linking

Total number of errors: 0
Total number of warnings: 2
```

图 3-20 第二次编译

步骤 8：实训验证

（1）启动 IAR，打开实训例程下的工程文件 Project，连接 ST-LINK 仿真和串口线，如图 3-21 所示。

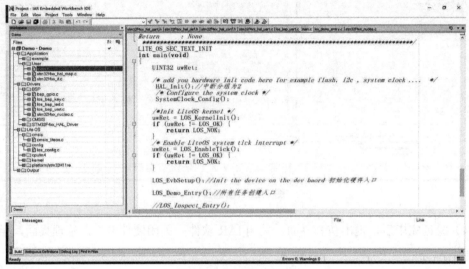

图 3-21 启动工程文件

（2）单击"Make"按钮进行编译后再单击"Download and Debug"按钮，如图 3-22 所示。

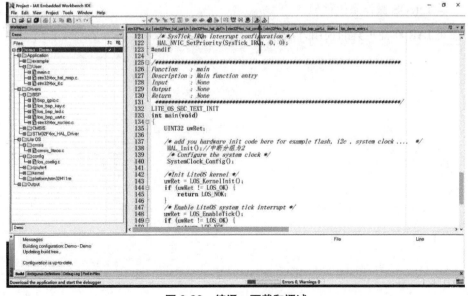

图 3-22 编译、下载和调试

（3）单击"全速运行"按钮，如图 3-23 所示。

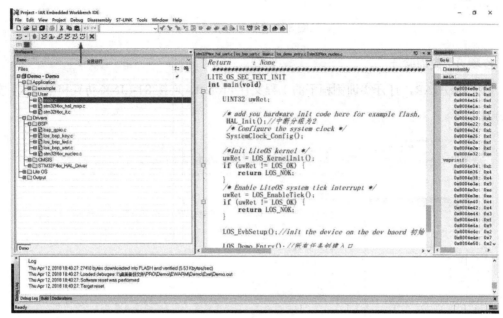

图 3-23　全速运行

（4）验证完毕后，退出仿真界面，关闭 IAR 软件；关闭硬件电源，整理桌面，至此，实训完毕。

思考题

1. 了解 LiteOS 操作系统移植。

2. 熟悉 IAR 软件工具的使用方法。

项目 4　　　　　　　　基于 LiteOS 的流水灯设计

教学导航

本项目通过流水灯设计，让学生亲身实践和体验 LiteOS 操作系统的初步应用，加深学生对 LiteOS 操作系统的认知。从基础到深入，由认知到实践，分步教学。首先让学生初步认知流水灯设计实践任务要素，学习 GPIO 库函数的配置及任务函数的使用。再引导学生进行流水灯设计实践的硬件设计和软件设计，使学生能在实践中学会流水灯设计的操作。

知识目标	1. 了解 GPIO 的功能、寄存器 2. 熟悉 GPIO 库函数的配置方法 3. 了解 LiteOS 系统任务函数的使用
能力目标	1. 会完成 STM32F4 基于 HAL 库的 GPIO 初始化 2. 能进行 LiteOS 系统任务创建与任务延时函数运用 3. 编写流水灯的程序和硬件设计
重点、难点	流水灯程序的编写和硬件设计
推荐教学方式	了解 LiteOS 操作系统，让学生亲身实践和体验 LiteOS 操作系统的初步应用。要引导学生动手绘制硬件电路图、软件流程图，并加深理解。引导学生对重要源码进行分析，理解其中的设计原理
推荐学习方式	认真完成每个任务，注重理论与实践的结合。要自己亲自动手去绘制和思考硬件电路图与软件流程图，要加强理解关键程序代码，每次操作都要认真去调试

知识准备

任何一个单片机，最简单的外设莫过于 I/O 口的高低电平控制了，本项目实训将通过一个经典的流水灯程序，要求掌握 STM32F4 的 I/O 作为输出使用的方法。通过本实训的学习，我们将通过代码控制 STM32F411 实训板上的 3 个 LED（LED1、LED2 和 LED3），让它们延时交替闪烁，实现类似流水灯的效果。该项目实训的关键在于如何控制 STM32F411 的 I/O 口输出，重点介绍 I/O 的使用与 LiteOS 系统任务函数的使用方法。

4.1　GPIO 简介

STM32F4 每组 I/O 有 10 个 32 位寄存器，其中常用的有 4 个配置寄存器+2 个数据寄存器+2 个复用功能选择寄存器，共 8 个，如果在使用时，每次都直接操作寄存器配置 I/O，代码会比较多，也不容易记住，所以在本项目中主要使用库函数配置 I/O 的方法。

GPIO 特性介绍如下。

（1）受控 I/O 多达 16 个。

（2）输出状态：推挽或开漏+上拉/下拉。

（3）从输出数据寄存器（GPIOx_ODR）或外设（复用功能输出）输出数据。

（4）可为每个 I/O 选择不同的速度。

（5）输入状态：浮空、上拉/下拉、模拟。

（6）将数据输入数据寄存器（GPIOx_IDR）或外设（复用功能输入）。

（7）置位和复位寄存器（GPIOx_BSRR），对 GPIOx_ODR 具有按位写权限。

（8）锁定机制（GPIOx_LCKR），可冻结 I/O 配置。

（9）模拟功能。

（10）复用功能输入/输出选择寄存器（一个 I/O 最多可具有 16 个复用功能）。

（11）快速翻转，每次翻转最快只需要两个时钟周期。

（12）引脚复用非常灵活，允许将 I/O 引脚用作 GPIO 或多种外设功能中的一种。

4.1.1　GPIO 功能描述

根据数据手册中列出的每个 I/O 端口的特性，可通过软件将通用 I/O（GPIO）端口的各个端口位分别配置为多种模式：输入浮空、输入上拉、输入下拉、模拟功能、具有上拉或下拉功能的开漏输出、具有上拉或下拉功能的推挽输出、具有上拉或下拉功能的复用功能推挽、具有上拉或下拉功能的复用功能开漏。

每个 I/O 端口位均可自由编程，但 I/O 端口寄存器必须按 32 位字、半字或字节进行访问。GPIOx_BSRR 寄存器旨在实现对 GPIO ODR 寄存器进行读取/修改访问。这样便可确保在读取和修改访问之间发生中断请求也不会有问题。

4.1.2　GPIO 寄存器

每个通用 I/O 端口包括 4 个 32 位配置寄存器（GPIOx_MODER、GPIOx_OTYPER、GPIOx_OSPEEDR 和 GPIOx_PUPDR）、2 个 32 位数据寄存器（GPIOx_IDR 和 GPIOx_ODR）、1 个 32 位置位/复位寄存器（GPIOx_BSRR）、1 个 32 位锁定寄存器（GPIOx_LCKR）和 2 个 32 位复用功能选择寄存器（GPIOx_AFRH 和 GPIOx_AFRL）。详细介绍参见 STM32F4 中文手册。

4.2　GPIO 库函数配置

4.2.1　基本情况

实现流水灯功能，最基础的就是控制 I/O 口。如何控制 I/O 口，其实就是对寄存器进行配置。顾名思义，配置寄存器就是配置 GPIO 的相关模式和状态，下面讲解在库函数中初始化 GPIO 的配置，以及其他库函数的使用。GPIO 相关的函数和定义分布在固件库文件 stm32f4xx_hal_gpio.c 和头文件 stm32f4xx_hal_gpio.h 中。

4.2.2　HAL_GPIO_Init 库函数

在固件库开发中，操作 4 个配置寄存器初始化 GPIO 是通过 GPIO 初始化函数完成的，在 stm32f4xx_hal_gpio.c 中可以找到：

void HAL_GPIO_Init(GPIO_TypeDef　*GPIOx, GPIO_InitTypeDef *GPIO_Init)

下面通过一个 GPIO 初始化实例来讲解这个参数中结构体的成员变量的含义。通常初始化结构体 GPIO 的常用格式是：

```
GPIO_InitTypeDef　GPIO_InitStructure;
GPIO_InitStructure.Pin = GPIO_Pin_9;//GPIOF9
GPIO_InitStructure.Mode = GPIO_MODE_OUTPUT_PP;//推挽输出模式
GPIO_InitStructure.Speed = GPIO_SPEED_FREQ_HIGH; //高频输出频率范围 25~50MHz
GPIO_InitStructure.Pull = GPIO_PULLUP;//上拉
GPIO_Init(GPIOF, &GPIO_InitStructure);//初始化 GPIO
```

上面代码的意思是设置 GPIOF 的第 9 个端口为推挽输出模式，同时设置速度为高速，采用上拉模式。

4.2.3　GPIOx 配置

HAL_GPIO_Int 函数有两个参数，第一个参数用来指定需要初始化的 GPIO 对应的 GPIO 组，取值范围为 GPIOA~GPIOK。第二个参数在 4.2.4 节中介绍。

要想查看取值范围，可以找到 HAL_GPIO_Init 函数体后右击，在弹出的快捷菜单中选择 "Go to definition of …" 可以查看结构体的定义。

如下是每一个成员参数检查位置，可以由此跳转查看参数取值范围：

/* Check the parameters */

assert_param(IS_GPIO_ALL_INSTANCE(GPIOx));

assert_param(IS_GPIO_PIN(GPIO_Init->Pin));

assert_param(IS_GPIO_MODE(GPIO_Init->Mode));

assert_param(IS_GPIO_PULL(GPIO_Init->Pull));

GPIOx 是 HAL_GPIO_Init 函数体的第一个参数，找到 IS_GPIO_ALL_INSTANCE 后，

右击，在弹出的快捷菜单中选择"Go to definition of …"命令，则可以发现定义：

```
#define IS_GPIO_ALL_INSTANCE(INSTANCE) (((INSTANCE) == GPIOA) || \
                                         ((INSTANCE) == GPIOB) || \
                                         ((INSTANCE) == GPIOC) || \
                                         ((INSTANCE) == GPIOD) || \
                                         ((INSTANCE) == GPIOE) || \
                                         ((INSTANCE) == GPIOH))
```

由此看到 GPIOx 取值可以是 GPIOA~GPIOH，但实际使用的 STM32F411VELQFP100 芯片取值范围为 GPIOA~GPIOE。

4.2.4　GPIO_InitStruct 配置

HAL_GPIO_Int 函数的参数 GPIO_Init 为初始化参数结构体指针，结构体类型为 GPIO_InitTypeDef。

下面我们看看这个结构体的定义。

首先打开流水灯文件，然后找到 Drivers 组下面的 STM32F4xx_HAL_Driver 组中的 stm32f4xx_gpio.c 文件，定位到 HAL_GPIO_Init 函数体处，在入口参数类型 GPIO_InitTypeDef 上右击，在弹出的快捷菜单中选择"Go to definition of …"命令，可以查看结构体的定义：

```
typedef struct
{
  uint32_t Pin;
  uint32_t Mode;
  uint32_t Pull;
  uint32_t Speed;
  uint32_t Alternate;
} GPIO_InitTypeDef;
```

该结构体一共有 5 个成员。

然后找到 HAL_GPIO_Init 函数体处，右击，在弹出的快捷菜单中选择"Go to definition of …"命令，可以查看函数的定义。

如下是每一个成员参数检查位置（此处将所有参数检查语句集合在一起），可以由此跳转查看成员取值范围：

```
/* Check the parameters */
assert_param(IS_GPIO_ALL_INSTANCE(GPIOx));
assert_param(IS_GPIO_PIN(GPIO_Init->Pin));
assert_param(IS_GPIO_MODE(GPIO_Init->Mode));
assert_param(IS_GPIO_PULL(GPIO_Init->Pull));
assert_param(IS_GPIO_SPEED(GPIO_Init->Speed));//程序中无此行
```

检查参数 Pin 是 GPIO_InitStruct 的第一个成员，找到 IS_GPIO_PIN 后，右击，在弹出的快捷菜中选择"Go to definition of …"命令，可以发现其定义为：

```
#define IS_GPIO_PIN(PIN)        ((((PIN) & GPIO_PIN_MASK ) != 0x00U) && (((PIN) & ~GPIO_PIN_MASK) == 0x00U))
```

在 GPIO_PIN_MASK 后右击，在弹出的快捷菜单中选择"Go to definition of …"命令，可以发现其定义为：

```
#define GPIO_PIN_MASK        0x0000FFFFU /* PIN mask for assert test */
```

而此处定义可以为：

```
#define GPIO_PIN_0          ((uint16_t)0x0001)   /* Pin 0 selected    */
#define GPIO_PIN_1          ((uint16_t)0x0002)   /* Pin 1 selected    */
#define GPIO_PIN_2          ((uint16_t)0x0004)   /* Pin 2 selected    */
#define GPIO_PIN_3          ((uint16_t)0x0008)   /* Pin 3 selected    */
#define GPIO_PIN_4          ((uint16_t)0x0010)   /* Pin 4 selected    */
#define GPIO_PIN_5          ((uint16_t)0x0020)   /* Pin 5 selected    */
#define GPIO_PIN_6          ((uint16_t)0x0040)   /* Pin 6 selected    */
#define GPIO_PIN_7          ((uint16_t)0x0080)   /* Pin 7 selected    */
#define GPIO_PIN_8          ((uint16_t)0x0100)   /* Pin 8 selected    */
#define GPIO_PIN_9          ((uint16_t)0x0200)   /* Pin 9 selected    */
#define GPIO_PIN_10         ((uint16_t)0x0400)   /* Pin 10 selected   */
#define GPIO_PIN_11         ((uint16_t)0x0800)   /* Pin 11 selected   */
#define GPIO_PIN_12         ((uint16_t)0x1000)   /* Pin 12 selected   */
#define GPIO_PIN_13         ((uint16_t)0x2000)   /* Pin 13 selected   */
#define GPIO_PIN_14         ((uint16_t)0x4000)   /* Pin 14 selected   */
#define GPIO_PIN_15         ((uint16_t)0x8000)   /* Pin 15 selected   */
#define GPIO_PIN_All        ((uint16_t)0xFFFF)   /* All pins selected */
```

因为 GPIO_PIN_0~GPIO_PIN_All 的取值在 0x0000FFFFU 范围内，所以 Pin 取值范围为 GPIO_PIN_0~GPIO_PIN_All 共 17 个。

检查参数 Mode 是 GPIO_InitStruct 的第二个成员，找到 IS_GPIO_MODE 后，右击，在弹出的快捷菜单中选择"Go to definition of …"命令，可以发现其定义为：

```
#define IS_GPIO_MODE(MODE) (((MODE) == GPIO_MODE_INPUT)            ||\
                    ((MODE) == GPIO_MODE_OUTPUT_PP)            ||\
                    ((MODE)== GPIO_MODE_OUTPUT_OD)             ||\
                    ((MODE) == GPIO_MODE_AF_PP)                ||\
                    ((MODE) == GPIO_MODE_AF_OD)                ||\
                    ((MODE) == GPIO_MODE_ANALOG)               ||\
                    ((MODE) == GPIO_MODE_ANALOG_ADC_CONTROL    ||\
                    ((MODE) == GPIO_MODE_IT_RISING)            ||\
                    ((MODE) == GPIO_MODE_IT_FALLING)           ||\
                    ((MODE) == GPIO_MODE_IT_RISING_FALLING)    ||\
                    ((MODE) == GPIO_MODE_EVT_RISING)           ||\
                    ((MODE) == GPIO_MODE_EVT_FALLING)          ||\
                    ((MODE) ==GPIO_MODE_EVT_RISING_FALLING)    ||\
                    ((MODE) == GPIO_MODE_ANALOG))
```

每一个 MODE 取值的含义介绍如下。

GPIO_MODE_INPUT：悬浮输入模式。

GPIO_MODE_OUTPUT_PP：推挽输出模式。

GPIO_MODE_OUTPUT_OD：漏极开路输出模式。

GPIO_MODE_AF_PP：复用功能推挽模式。

GPIO_MODE_AF_OD：复用功能漏极开路模式。

GPIO_MODE_ANALOG：模拟模式。

GPIO_MODE_ANALOG_ADC_CONTROL：模拟模式，用于 ADC 转换。

GPIO_MODE_IT_RISING：上升沿触发检测的外部中断模式。

GPIO_MODE_IT_FALLING：下降沿触发检测的外部中断模式。

GPIO_MODE_IT_RISING_FALLING：上升/下降沿触发检测的外部中断模式。

GPIO_MODE_EVT_RISING：上升沿触发检测的外部事件模式。

GPIO_MODE_EVT_FALLING：下降沿触发检测的外部事件模式。

GPIO_MODE_EVT_RISING_FALLING：上升/下降沿触发检测的外部事件模式。

所以 MODE 取值范围为如上所示 13 个。

检查参数 Pull 是 GPIO_InitStruct 的第三个成员，找到 IS_GPIO_PULL 后，右击，在弹出的快捷菜单中选择"Go to definition of …"命令，可以发现其定义为：

#define IS_GPIO_PULL(PULL)   (((PULL)==GPIO_NOPULL)||((PULL)==GPIO_PULLUP) || ((PULL) == GPIO_PULLDOWN))

每一个 PULL 取值的含义介绍如下。

GPIO_NOPULL：无上拉/下拉电阻。

GPIO_PULLUP：带有上拉电阻。

GPIO_PULLDOWN：带有下拉电阻。

检查参数 Speed 是 GPIO_InitStruct 的第四个成员，找到 IS_GPIO_SPEED 后，右击，在弹出的快捷菜单中选择"Go to definition of …"命令，可以发现其定义为：

#define IS_GPIO_SPEED(SPEED) (((SPEED) == GPIO_SPEED_FREQ_LOW) ||((SPEED) == GPIO_SPEED_FREQ_MEDIUM) || ((SPEED) == GPIO_SPEED_FREQ_HIGH) ||((SPEED) == GPIO_SPEED_FREQ_VERY_HIGH))

每一个 SPEED 取值的含义介绍如下。

GPIO_SPEED_FREQ_LOW：输出频率最大为 5MHz。

GPIO_SPEED_FREQ_MEDIUM：输出频率范围 5～25MHz。

GPIO_SPEED_FREQ_HIGH：输出频率范围 25～50MHz。

GPIO_SPEED_FREQ_VERY_HIGH：输出频率范围 50～80MHz。

4.2.5　HAL_GPIO_WritePin 库函数

在固件库开发中，需要配置一个寄存器 GPIOx→BSRR 完成 HAL_GPIO_WritePin 函数操作，在 stm32f4xx_hal_gpio.c 文件中找到：

```
void HAL_GPIO_WritePin(GPIO_TypeDef* GPIOx, uint16_t GPIO_Pin, GPIO_PinState PinState)
{
  /* Check the parameters */
  assert_param(IS_GPIO_PIN(GPIO_Pin));
  assert_param(IS_GPIO_PIN_ACTION(PinState));
  if(PinState != GPIO_PIN_RESET)
  {
    GPIOx->BSRR = GPIO_Pin;
  }
  else
  {
    GPIOx->BSRR = (uint32_t)GPIO_Pin << 16U;
  }
}
```

下面通过一个 HAL_GPIO_WritePin 初始化实例来讲解这个函数：

```
HAL_GPIO_WritePin(GPIOB,GPIO_PIN_6,GPIO_PIN_SET)
```

上面代码的意思是将 GPIOB 的 GPIO_PIN_6 引脚置位。

1. GPIOx 配置

具体详见 4.2.3 节。

2. GPIO_Pin 配置

在 STM32F4xx_HAL_Driver 组的 stm32f4xx_gpio.c 文件中，定位到 HAL_GPIO_WritePin 函数体，右击，在弹出的快捷菜单中选择 "Go to definition of …" 命令，可以查看函数的定义。

如下是成员参数检查位置，可以由此跳转查看参数取值范围：

/* Check the parameters */

assert_param(IS_GPIO_PIN(GPIO_PIN));

assert_param(IS_GPIO_PIN_ACTION(PinState));

检查参数 PIN 是函数的第二个参数，找到 IS_GPIO_PIN 后，右击，在弹出的快捷菜单中选择 "Go to definition of …" 命令，可以发现其定义为：

```
#define IS_GPIO_PIN(PIN)         ((((PIN) & GPIO_PIN_MASK ) != 0x00U) && (((PIN) & ~GPIO_PIN_MASK) == 0x00U))
```

在 GPIO_PIN_MASK 后右击，在弹出的快捷菜单中选择 "Go to definition of …" 命令，可以发现其定义为：

```
#define GPIO_PIN_MASK              0x0000FFFFU /* PIN mask for assert test */
```

而查看到此处的定义为：

```
#define GPIO_PIN_0        ((uint16_t)0x0001)   /* PIN 0 selected   */
#define GPIO_PIN_1        ((uint16_t)0x0002)   /* PIN 1 selected   */
#define GPIO_PIN_2        ((uint16_t)0x0004)   /* PIN 2 selected   */
#define GPIO_PIN_3        ((uint16_t)0x0008)   /* PIN 3 selected   */
#define GPIO_PIN_4        ((uint16_t)0x0010)   /* PIN 4 selected   */
#define GPIO_PIN_5        ((uint16_t)0x0020)   /* PIN 5 selected   */
#define GPIO_PIN_6        ((uint16_t)0x0040)   /* PIN 6 selected   */
#define GPIO_PIN_7        ((uint16_t)0x0080)   /* PIN 7 selected   */
#define GPIO_PIN_8        ((uint16_t)0x0100)   /* PIN 8 selected   */
#define GPIO_PIN_9        ((uint16_t)0x0200)   /* PIN 9 selected   */
#define GPIO_PIN_10       ((uint16_t)0x0400)   /* PIN 10 selected  */
#define GPIO_PIN_11       ((uint16_t)0x0800)   /* PIN 11 selected  */
#define GPIO_PIN_12       ((uint16_t)0x1000)   /* PIN 12 selected  */
#define GPIO_PIN_13       ((uint16_t)0x2000)   /* PIN 13 selected  */
#define GPIO_PIN_14       ((uint16_t)0x4000)   /* PIN 14 selected  */
#define GPIO_PIN_15       ((uint16_t)0x8000)   /* PIN 15 selected  */
#define GPIO_PIN_All      ((uint16_t)0xFFFF)   /* All pins selected */
```

因为 GPIO_PIN_0~GPIO_PIN_All 的取值在 0x0000FFFFU 范围内，所以 Pin 取值范围为 GPIO_PIN_0~GPIO_PIN_All。

3. PinState 配置

找到 STM32F4xx_HAL_Driver 组中的 stm32f4xx_gpio.c 文件，并定位到 HAL_GPIO_WritePin 函数体处，右击，在弹出的快捷菜单中选择"Go to definition of …"命令，可以查看函数的定义。

如下是成员参数检查位置，可以由此跳转查看参数取值范围：

```
/* Check the parameters */
assert_param(IS_GPIO_PIN(GPIO_PIN));
assert_param(IS_GPIO_PIN_ACTION(PinState));
```

检查参数 PIN 是函数的第三个参数，找到 IS_GPIO_ ACTION 后，右击，在弹出的快捷菜单中选择"Go to definition of …"命令，可以发现其定义为：

```
#define IS_GPIO_PIN_ACTION(ACTION) (((ACTION) == GPIO_PIN_RESET) || ((ACTION) == GPIO_PIN_SET))
```

PinState 的取值范围是：GPIO_PIN_RESET 和 GPIO_PIN_SET。

4.2.6　HAL_GPIO_ReadPin 库函数

在固件库开发中，需要判断一个寄存器 GPIOx->IDR 完成 HAL_GPIO_ReadPin 函数操作，在 stm32f4xx_hal_gpio.c 文件中找到：

```
GPIO_PinState HAL_GPIO_ReadPin(GPIO_TypeDef* GPIOx, uint16_t GPIO_Pin)
{
  GPIO_PinState bitstatus;
```

```
/* Check the parameters */
assert_param(IS_GPIO_PIN(GPIO_Pin));
if((GPIOx->IDR & GPIO_Pin) != (uint32_t)GPIO_PIN_RESET)
{
    bitstatus = GPIO_PIN_SET;
}
else
{
    bitstatus = GPIO_PIN_RESET;
}
return bitstatus;
}
```

下面通过一个 HAL_GPIO_ReadPin 初始化实例来讲解这个函数：

HAL_GPIO_ReadPin (GPIOB,GPIO_PIN_6)

上面代码的意思是读取 GPIOB 的 GPIO_PIN_6 引脚的状态，即是置位状态还是复位状态，此函数是有形参有返回值的函数，返回值就是引脚状态。

1. GPIOx 配置

具体见 4.2.3 节。

2. GPIO_Pin 配置

具体见 4.2.5 节。

3. GPIO_PinState 返回值

定位到 GPIO_PinState HAL_GPIO_ReadPin(GPIO_TypeDef* GPIOx, uint16_t GPIO_Pin) 函数，右击 GPIO_PinState，在弹出的快捷菜单中选择"Go to definition of …"命令，可以查看变量的定义：

```
typedef enum
{
    GPIO_PIN_RESET = 0,
    GPIO_PIN_SET
}GPIO_PinState;
```

可以看到有 GPIO_PIN_RESET 和 GPIO_PIN_SET 两种返回值，值分别为 0 和 1。

4.2.7　HAL_GPIO_TogglePin 库函数

在固件库开发中，需要使用一个寄存器 GPIOx->ODR 来完成 HAL_GPIO_TogglePin 函数操作，在 stm32f4xx_hal_gpio.c 文件中找到：

```
void HAL_GPIO_TogglePin(GPIO_TypeDef* GPIOx, uint16_t GPIO_Pin)
{
    /* Check the parameters */
    assert_param(IS_GPIO_PIN(GPIO_Pin));
        GPIOx->ODR ^= GPIO_Pin;
}
```

下面通过一个 HAL_GPIO_TogglePin 初始化实例来讲解这个函数：

HAL_GPIO_TogglePin(GPIOB,GPIO_PIN_6)

上面代码的意思是将 GPIOB 引脚 6 的状态反转。

1. GPIOx 配置

具体见 4.2.3 节。

2. GPIO_Pin 配置

具体见 4.2.5 节。

4.3　LiteOS 系统的任务函数

从系统的角度看，任务是竞争系统资源的最小运行单元。任务可以使用或等待 CPU、使用内存空间等系统资源，并独立于其他任务运行。在本项目实训中流水灯的效果实现，是将流水灯作为一个任务去执行的。那么任务如何去创建，如何实现任务功能，本小节将详细介绍。

4.3.1　任务功能

Huawei LiteOS 系统中的任务管理模块为用户提供如表 4-1 所示的功能。

表 4-1　任务管理模块功能

功能分类	接口名	描述
任务的创建和删除	LOS_TaskCreateOnly	创建任务，并使该任务进入 suspend 状态，并不调度
	LOS_TaskCreate	创建任务，并使该任务进入 ready 状态，并调度
	LOS_TaskDelete	删除指定的任务
任务状态控制	LOS_TaskResume	恢复挂起的任务
	LOS_TaskSuspend	挂起指定的任务
	LOS_TaskDelay	任务延时等待
	LOS_TaskYield	显式放权，调整指定优先级的任务调度顺序
任务调度的控制	LOS_TaskLock	锁任务调度
	LOS_TaskUnlock	解锁任务调度
任务优先级的控制	LOS_CurTaskPriSet	设置当前任务的优先级
	LOS_TaskPriSet	设置指定任务的优先级
	LOS_TaskPriGet	获取指定任务的优先级
任务信息获取	LOS_CurTaskIDGet	获取当前任务的 ID
	LOS_TaskInfoGet	获取指定任务的信息(预留接口)

4.3.2　任务创建

此流水灯任务需要创建并调度，使用 LOS_TaskCreate 函数，在 LOS_task.c 文件中函数原型为：

UINT32 LOS_TaskCreate(UINT32 *puwTaskID, TSK_INIT_PARAM_S *pstInitParam)

LOS_TaskCreate 函数第一个参数为 puwTaskID，第二个参数是 TSK_INIT_PARAM_S 结构体，选中 TSK_INIT_PARAM_S，右击，在弹出的快捷菜单中选择 "Go to definition of …" 命令，可以查看结构体的定义：

```
typedef struct tagTskInitParam
{
    TSK_ENTRY_FUNC        pfnTaskEntry; /**< Task entrance function        */
    UINT16                usTaskPrio;   /**< Task priority               */
    UINT32                auwArgs[4];
    UINT32                uwStackSize;  /**< Task stack size             */
    CHAR                  *pcName;      /**< Task name                   */
    UINT32                            uwResved;   /**< Reserved. It is automatically deleted if set to
LOS_TASK_STATUS_DETACHED. It is unable to be deleted if set to 0.*/
} TSK_INIT_PARAM_S;
```

结构体中共有 6 个成员，并不是每个成员都需要赋值。

下面通过一个任务创建实例来讲解这个参数结构体的成员变量的含义。通常初始化任务的常用格式为：

```
UINT32 uwRet;
TSK_INIT_PARAM_S stTaskInitParam;
(VOID)memset((void *)(&stTaskInitParam), 0, sizeof(TSK_INIT_PARAM_S));
stTaskInitParam.pfnTaskEntry = (TSK_ENTRY_FUNC)LOS_LedTskfunc;
stTaskInitParam.uwStackSize = LOSCFG_BASE_CORE_TSK_IDLE_STACK_SIZE;
stTaskInitParam.pcName = "BoardDemo";
stTaskInitParam.usTaskPrio = 10;
uwRet = LOS_TaskCreate(&g_uwboadTaskID, &stTaskInitParam);
```

上面代码的意思是，任务入口为 LOS_LedTskfunc，任务名称为 BoardDemo，任务堆栈大小为 LOSCFG_BASE_CORE_TSK_IDLE_STACK_SIZE，任务优先级为 10。

此 BoardDemo 任务真正执行的功能在 LOS_LedTskfunc 函数中。

4.3.3　任务延时

要想实现流水灯效果必然需要利用延时函数以保持灯的状态，LiteOS 内核已经提供了任务状态控制函数 LOS_TaskDelay，在 LOS_task.c 文件中函数原型为：

LITE_OS_SEC_TEXT UINT32 LOS_TaskDelay(UINT32 uwTick)

此函数只有一个参数 uwTick，意为延时时间，单位为 ms。下面通过一个任务延时实例来讲解这个参数的含义。通常初始化任务延时的常用格式为：

LOS_TaskDelay(500);

此函数的作用为任务延时 0.5 秒（500 毫秒），可当作延时函数使用。

4.4　硬件设计

本节用到的硬件只有 LED（LED1、LED2、LED3），其连接原理图如图 4-1 所示。

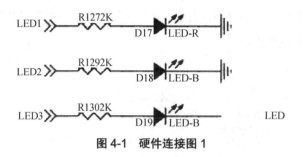

图 4-1　硬件连接图 1

从图 4-1 中可以看出 LED1、LED2、LED3 均高电平有效。

从图 4-2 中可以看出，LED1、LED2、LED3 分别连接在 PB4、PB5、PB6 引脚上。

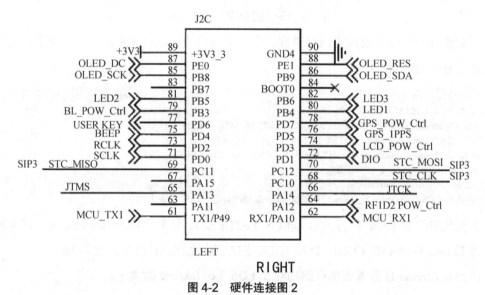

图 4-2　硬件连接图 2

4.5　软件设计

4.5.1　程序流程图

本项目实训程序流程图，如图 4-3 所示。本项目实训代码主要是 LED 灯的初始化程序编写、流水灯任务创建及任务入口函数编写。

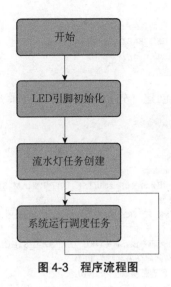

图 4-3　程序流程图

4.5.2　重要源码分析

向工程 Drivers 组下的 BSP 组中添加 gpio_leds_driver.c 文件及向工程 option 中添加 gpio_leds_driver.h 头文件。

gpio_leds_driver.c 文件包含封装好的关于灯配置的 LED 驱动函数，编写代码时可以直接调用如下驱动函数：

```
void LEDs_Init(void);
void set_Led1(uint8_t state);
void set_Led2(uint8_t state);
void set_Led3(uint8_t state);
void control_Led(Led_Index_TypeDef index, uint8_t state);
void off_Leds(void);
void on_Leds(void);
```

在 main.c 中编写 LED 灯初始化：

```
void LEDs_Init(void)
{
    BSP_GPIO_Init(LED1_GPIO_PORT, LED1_PIN|LED2_PIN|LED3_PIN, LEDS_MODE, LEDS_PULL);
}
```

BSP_GPIO_Init 函数调用了 HAL 库中的 HAL_GPIO_Init 函数。

如下是 BSP_GPIO_Init 函数原型，定义在 bsp_gpio.c 中：

```
void BSP_GPIO_Init(GPIO_TypeDef  *GPIOx, uint32_t PINx, uint32_t MODE, uint32_t PULL)
{
    GPIO_InitTypeDef GPIO_InitStruct;
    /* Enable the BUTTON Clock */
    GPIO_PORTx_CLK_ENABLE(GPIOx);
        /* Configure Button pin as input */
    GPIO_InitStruct.Pin = PINx;
    GPIO_InitStruct.Mode = MODE;
```

```
    GPIO_InitStruct.Pull = PULL;
    GPIO_InitStruct.Speed = GPIO_SPEED_FAST;
    HAL_GPIO_Init(GPIOx, &GPIO_InitStruct);
  }
```

在 main.c 中编写 LED 任务创建（先初始化任务，并填充参数）：

```
void Creat_Led_Task (void)
{
    UINT32 uwRet;
    TSK_INIT_PARAM_S stTaskInitParam;    //定义结构体 并初始化成员
    (VOID)memset((void *)(&stTaskInitParam), 0, sizeof(TSK_INIT_PARAM_S));
/*设置任务入口函数 LOS_LedTskfunc */
    stTaskInitParam.pfnTaskEntry = (TSK_ENTRY_FUNC) LOS_LedTskfunc;
/*设置新建任务堆栈大小*/
    stTaskInitParam.uwStackSize = LOSCFG_BASE_CORE_TSK_IDLE_STACK_SIZE;
    stTaskInitParam.pcName = "LED";//创建任务名称为 LED
    stTaskInitParam.usTaskPrio = 10; //创建任务优先级为 10
    uwRet = LOS_TaskCreate(&g_uwDemoTaskID, &stTaskInitParam);//创建任务
    if (uwRet != LOS_OK)
    {
            return;
    }
    return;
}
```

在 main.c 中编写任务入口函数（LED 任务被调度后将由入口函数执行）：

```
static LITE_OS_SEC_TEXT VOID LOS_LedTskfunc(VOID)
{
    LEDs_Init();//LED1、LED2、LED3 灯初始化
    while (1)
    {
      set_Led1(1); //开 LED1 灯
      LOS_TaskDelay(500);
      set_Led1(0); //关 LED1 灯
      LOS_TaskDelay(500);
      set_Led2(1); //开 LED2 灯
      LOS_TaskDelay(500);
      set_Led2(0); //关 LED2 灯
      LOS_TaskDelay(500);
      set_Led3(1); //开 LED3 灯
      LOS_TaskDelay(500);
      set_Led3(0); //关 LED3 灯
      LOS_TaskDelay(500);
    }
}
```

其中 set_Led1、set_Led2、sct_Lcd3 函数都只调用了 HAL_GPIO_WritePin，以 set_Led1
为例查看函数原型：

```
void set_Led1(uint8_t state)
{
  HAL_GPIO_WritePin(LED1_GPIO_PORT, LED1_PIN,((state == ON )?  GPIO_PIN_SET:GPIO_PIN_RESET));
}
```

其中 LED1_GPIO_PORT 是 GPIOB、LED1_PIN 是 GPIO_PIN_4。

main.c 代码如下：

```c
#include "includes.h"

static UINT32 g_uwboadTaskID;
static LITE_OS_SEC_TEXT VOID LOS_LedTskfunc(VOID)
{
    LEDs_Init();
    while (1)
    {
        set_Led1(1);
        LOS_TaskDelay(500);
        set_Led1(0);
        LOS_TaskDelay(500);
        set_Led2(1);
        LOS_TaskDelay(500);
        set_Led2(0);
        LOS_TaskDelay(500);
        set_Led3(1);
        LOS_TaskDelay(500);
        set_Led3(0);
        LOS_TaskDelay(500);
    }
}

void Creat_Led_Task(void)
{
    UINT32 uwRet;
    TSK_INIT_PARAM_S stTaskInitParam;
    (VOID)memset((void *)(&stTaskInitParam), 0, sizeof(TSK_INIT_PARAM_S));
    stTaskInitParam.pfnTaskEntry = (TSK_ENTRY_FUNC)LOS_LedTskfunc;
    stTaskInitParam.uwStackSize = LOSCFG_BASE_CORE_TSK_IDLE_STACK_SIZE;
    stTaskInitParam.pcName = "LED";
    stTaskInitParam.usTaskPrio = 10;
    uwRet = LOS_TaskCreate(&g_uwboadTaskID, &stTaskInitParam);

    if (uwRet != LOS_OK)
    {
        return;
    }
    return;
}

void _Error_Handler(char *file, int line)
{
    /* USER CODE BEGIN Error_Handler_Debug */
    /* User can add his own implementation to report the HAL error return state */
    while(1)
    {
    }
    /* USER CODE END Error_Handler_Debug */
}
```

```c
/**
  * @brief System Clock Configuration
  * @retval None
  */
void SystemClock_Config(void)
{
  RCC_OscInitTypeDef RCC_OscInitStruct;
  RCC_ClkInitTypeDef RCC_ClkInitStruct;
    /**Configure the main internal regulator output voltage */
  __HAL_RCC_PWR_CLK_ENABLE();
  __HAL_PWR_VOLTAGESCALING_CONFIG(PWR_REGULATOR_VOLTAGE_SCALE1);
    /**Initializes the CPU, AHB and APB busses clocks */
  RCC_OscInitStruct.OscillatorType = RCC_OSCILLATORTYPE_HSI;
  RCC_OscInitStruct.HSIState = RCC_HSI_ON;
  RCC_OscInitStruct.HSICalibrationValue = 16;
  RCC_OscInitStruct.PLL.PLLState = RCC_PLL_ON;
  RCC_OscInitStruct.PLL.PLLSource = RCC_PLLSOURCE_HSI;
  RCC_OscInitStruct.PLL.PLLM = 16;
  RCC_OscInitStruct.PLL.PLLN = 400;
  RCC_OscInitStruct.PLL.PLLP = RCC_PLLP_DIV4;
  RCC_OscInitStruct.PLL.PLLQ = 4;
  if (HAL_RCC_OscConfig(&RCC_OscInitStruct) != HAL_OK)
  {
    _Error_Handler(__FILE__, __LINE__);
  }
    /**Initializes the CPU, AHB and APB busses clocks */
  RCC_ClkInitStruct.ClockType = RCC_CLOCKTYPE_HCLK|RCC_CLOCKTYPE_SYSCLK
                              |RCC_CLOCKTYPE_PCLK1|RCC_CLOCKTYPE_PCLK2;
  RCC_ClkInitStruct.SYSCLKSource = RCC_SYSCLKSOURCE_PLLCLK;
  RCC_ClkInitStruct.AHBCLKDivider = RCC_SYSCLK_DIV1;
  RCC_ClkInitStruct.APB1CLKDivider = RCC_HCLK_DIV2;
  RCC_ClkInitStruct.APB2CLKDivider = RCC_HCLK_DIV1;

  if (HAL_RCC_ClockConfig(&RCC_ClkInitStruct, FLASH_LATENCY_3) != HAL_OK)
  {
    _Error_Handler(__FILE__, __LINE__);
  }
#if 0//modify by huangzhipeng
    /**Configure the Systick interrupt time */
  HAL_SYSTICK_Config(HAL_RCC_GetHCLKFreq()/1000);

    /**Configure the Systick */
  HAL_SYSTICK_CLKSourceConfig(SYSTICK_CLKSOURCE_HCLK);
  /* SysTick_IRQn interrupt configuration */
  HAL_NVIC_SetPriority(SysTick_IRQn, 0, 0);
#endif
}
/****************************************************************************
Function    : main
Description : Main function entry
Input       : None
Output      : None
Return      : None
****************************************************************************/
LITE_OS_SEC_TEXT_INIT
```

```
int main(void)
{
    UINT32 uwRet;
    /* add you hardware init code here for example flash, i2c , system clock ....    */
    HAL_Init();//中断分组为 2
    /* Configure the system clock */
    SystemClock_Config();

    /*Init LiteOS kernel */
    uwRet = LOS_KernelInit();
    if (uwRet != LOS_OK) {
        return LOS_NOK;
    }
    /* Enable LiteOS system tick interrupt */
    uwRet = LOS_EnableTick();
    if (uwRet != LOS_OK) {
        return LOS_NOK;
    }
    Creat_Led_Task();
    /* Kernel start to run */
    (void)LOS_Start();
    for (;;);
    /* Replace the dots (...) with your own code. */
}
```

4.6　实训设备

实训设备及连接同项目 1。

任务实训

步骤 1：启动 IAR。打开"LiteOS 系统应用与开发实训\03 实训源码\实训四"和"基于流水灯的实训\IOT_NB_LED_Blink\Template\EWARM"，连接 ST-LINK 仿真和串口线，如图 4-4 所示。

图 4-4　启动实训

步骤2：单击"Make"按钮编译后，再单击"Download and Debug"按钮，如图4-5所示。

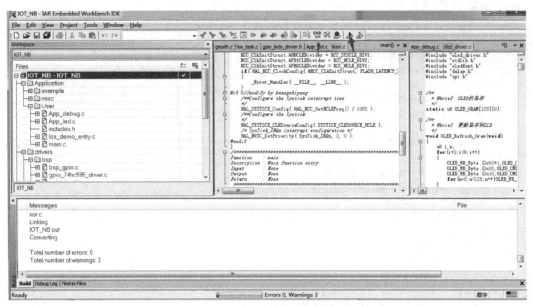

图4-5　编译、下载与调试

步骤3：单击"全速运行"按钮，如图4-6所示。

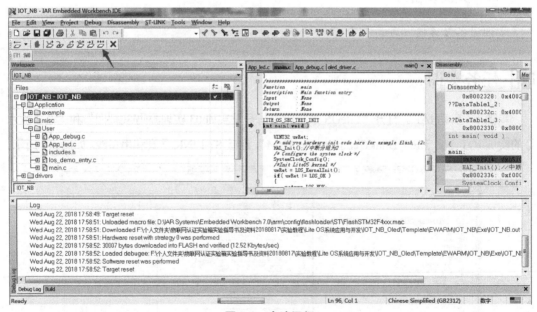

图4-6　全速运行

步骤4：实训验证。

（1）观察STM32F411实训板上的LED1、LED2、LED3是否依次闪烁呈现流水灯效果。

（2）验证完毕后，退出仿真界面，关闭 IAR 软件；关闭硬件电源，整理桌面，至此，实训完毕。

思考题

1. 如何实现 3 个 LED 灯同时实现闪烁功能？
2. 如何正确使用 GPIO 库函数及 LiteOS 系统的任务函数？

项目 5   基于 LiteOS 的数码动态显示设计

教学导航

本项目通过 LiteOS 操作系统的操作，让学生亲身实践和体验 LiteOS 操作系统的初步应用，加深学生对 LiteOS 操作系统的认知。从基础到深入，由认知到实践，分步教学。引导学生了解动态数码管的工作方式，熟悉 74HC595 驱动数码管的工作方式、STM32F4 对数码管的动态显示控制方式，使学生学会基于 LiteOS 操作系统的数码管动态显示，并实时增加显示数值。

知识目标	1.熟悉动态数码管的工作方式 2.掌握 74HC595 驱动数码管的工作方式 3.掌握 STM32F4 对数码管的动态显示控制方式
能力目标	1.会基于 STM32F4 进行动态数码管硬件设计 2.编写代码实现数码管动态显示，并且显示的数值实时增加
重点、难点	实现数码管动态显示，并且显示的数值实时增加
推荐教学方式	了解 LiteOS 操作系统，让学生亲身实践体验 LiteOS 操作系统的初步应用。硬件电路图、软件流程图要引导学生动手绘制，加深理解。引导学生对重要源码进行分析，理解其中的设计原理
推荐学习方式	认真完成每个任务，注重理论与实践的结合。要自己亲自动手去绘制和思考硬件电路图和软件流程图，要加强理解关键程序代码，每次操作都要认真去调试

知识准备

5.1 数码管概述

5.1.1 结构

数码管由 8 个发光二极管（以下简称字段）构成，通过不同的组合可用来显示数字 0～9、字符 A～F、H、L、P、R、U、Y、符号 "-" 及小数点 "."。数码管又分为共阴极和共阳极两种结构。常用的 LED 显示器为 8 段，有共阳极和共阴极两种。其结构如图 5-1 所示，本项目采用的数码管由 4 个共阳极数码管组成。

5.1.2 工作原理

共阳极数码管将 8 个发光二极管的阳极（二极管正端）连接在一起。通常，公共阳极

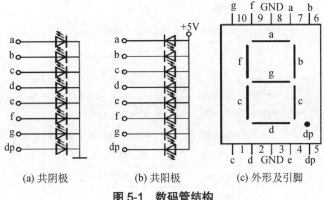

图 5-1 数码管结构

接高电平（一般接电源），其他引脚接段驱动电路的输出端。当某段驱动电路的输出端为低电平时，则该端所连接的字段导通并点亮。

根据发光字段的不同组合可显示出各种数字或字符。此时，要求段驱动电路能吸收额定的段导通电流，还需根据外接电源及额定段导通电流来确定相应的限流电阻。

5.1.3 74HC595 介绍

74HC595 是一个 8 位串行输入、并行输出的位移缓存器，并行输出为三态输出。在 SCK 的上升沿，串行数据由 SDL 输入到内部的 8 位位移缓存器，并由 Q7'输出，而并行输出则是在 LCK 的上升沿将 8 位位移缓存器的数据存入到 8 位并行输出缓存器。当串行数据输入端 OE 的控制信号为低使能时，并行输出端的输出值等于并行输出缓存器所存储的值。而当 OE 为高电位，也就是输出关闭时，并行输出端会维持在高阻抗状态。

5.2 硬件设计

为了减少引脚开销，我们使用 74HC595 作为数码管的驱动芯片。通过两边 74HC595 芯片级联来实现 4 段数码管动态显示，其原理图如图 5-2 所示。STM32 通过 DIO、SCLK 将数据通过串行的方式输入到 74HC595 存储寄存器，由于我们使用了级联的方式，所以 U17 和 U18 可以组合成一个 16 位的存储寄存器。其中 U18 中的 8 位表示段码，U17 的 8 位表示位选。

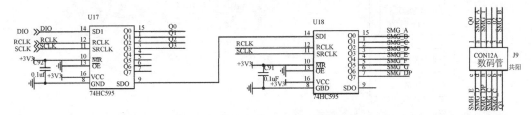

图 5-2 动态数码管硬件设计与构建

74HC595 的引脚功能如图 5-3 所示。

符号	引脚	描述
Q0~Q7	第15脚，第1~7脚	8位并行数据输出
GND	第8脚	地
Q7'	第9脚	串行数据输出
MR	第10脚	主复位（低电平）
SHCP	第11脚	数据输入时钟线
STCP	第12脚	输出存储器锁存时钟线
OE	第13脚	输出有效（低电平）
DS	第14脚	串行数据输入
VCC	第16脚	电源

图 5-3　74HC595 引脚功能

5.3　软件设计

5.3.1　程序流程图

动态数码管软件流程如图 5-4 所示。

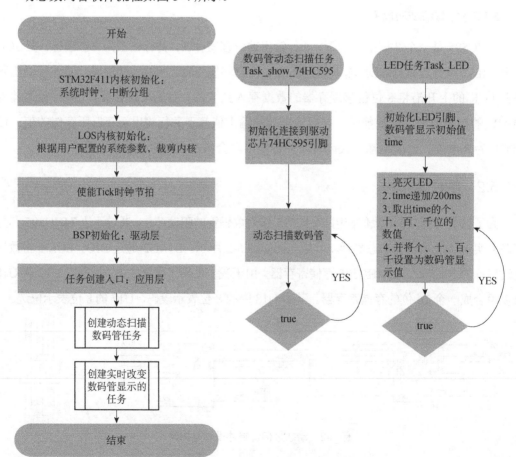

图 5-4　动态数码管软件流程图

本实训主要要完成数码管的初始化程序和动态扫描函数的编写。

5.3.2　代码分析

这里只讲解核心部分的代码，有些变量的设置、头文件的包含等并没有涉及，完整的代码请参考本项目配套的工程。我们创建了 gpio_74HC595_driver.c 和 gpio_74HC595_driver.h 文件用来存放数码管驱动程序及相关宏定义；App_74HC595_display.c 文件用来存放数码管扫描业务；App_led.c 在原来的基础上添加了数码管显示计时业务。

1. 数码管初始化函数

功能：初始化 74HC595 引脚 DIO、RCLK、SCLK
函数定义：void Init_595(void);
输入参数：无
返回：无

2. 数码管扫描函数

功能：处理数码管显示业务，实时刷新数组 NUM[4]数据
函数定义：void SHOW_595_SCAN(void)
输入参数：无
返回：无

3. 设置数码管内容显示

功能：处理数码管显示业务
函数定义：void SET_SHOW_595(uint8_t n1, uint8_t n2, uint8_t n3, uint8_t n4)
输入参数：
uint8_t n1　第一个数码管显示的数据
uint8_t n2　第二个数码管显示的数据
uint8_t n3　第三个数码管显示的数据
uint8_t n4　第四个数码管显示的数据
返回：无

4. 创建数码管显示处理任务

功能：将扫描任务挂载到内核任务队列上
函数定义：uint32_t create_Task_Show_74HC595(void)
输入参数：无
返回：uint32_t 根据数据判断任务是否创建成功

5. 数码管显示处理任务实体

```
功能：  以 50Hz 的频率动态扫描数码管
函数定义：Task_Show_74HC595
/**
  * @brief 数码管服务程序
  * @details
  * @param   pdata  无用
  * @retval 无
 */
static void * Task_Show_74HC595(UINT32 uwParam1,
                UINT32 uwParam2,
                UINT32 uwParam3,
                UINT32 uwParam4)
{
    Init_595();/*初始化 74hc595 引脚*/
    debug_printf("[%s] enter.\r\n", __func__);
    for(;;)
    {
        SHOW_595_SCAN();   /*数码管动态扫描*/
    }
}
```

下面结合程序流程图来分析 Task_Show_74HC595 任务和 Task_LED 任务，首先 Task_Show_ 74HC595、Task_LED 任务同时在运行，其中 Task_Show_74HC595 只负责动态扫描，数码管的显示值由数组 NUM[4]决定，而在 Task_LED 任务中，递增 time/200ms，将 time 的个、十、百、千位数值取出，并通过 SET_SHOW_595 函数将数值赋值给数组 NUM[4]。这样就可以修改数码管显示的内容了。

5.4 实训设备

实训设备连接同项目 1。

🖳 任务实训

实训内容：编写代码实现数码管动态显示，显示的数值实时增加。
实训设备连接同 4.2。

步骤 1：启动 IAR。打开"LiteOS 系统应用与开发实训"→"基于 LiteOS 的动态数码管实训\IOT_NB_DigitalTube\Template\EWARM"下的工程文件"IOT_NB.eww"，连接 ST-LINK 仿真和串口线，如图 5-5 所示。

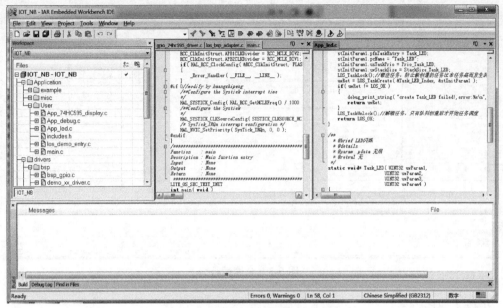

图 5-5　启动动态数码管实训工程

步骤 2：单击"Make"按钮编译后，再单击"Download and Debug"按钮，如图 5-6 所示。

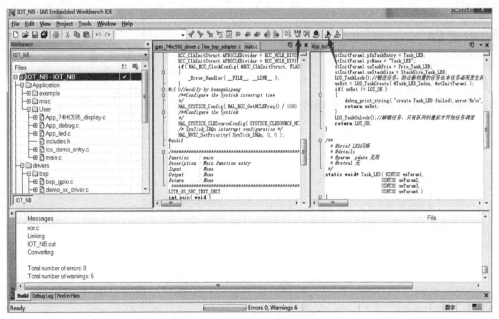

图 5-6　编译、下载和调试

步骤 3：单击"全速运行"按钮，如图 5-7 所示。

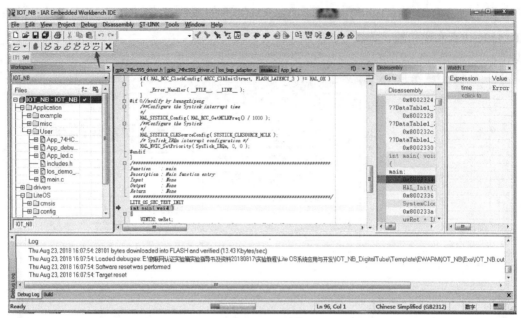

图 5-7　全速运行

步骤 4：实训验证。

（1）观察实验箱上的数码管显示是否每次都递增？

（2）验证完毕后，退出仿真界面，关闭 IAR 软件；关闭硬件电源，整理桌面，至此，实训完毕。

思考题

1. 如何实现数码管显示功能？

2. 如何在此实训的基础上实现秒表计数器功能？

教学导航

本项目通过 LiteOS 操作系统的操作，让学生亲身实践和体验 LiteOS 操作系统的初步应用，加深学生对 LiteOS 操作系统的认知。从基础到深入，由认知到实践，分步教学。引导学生亲身实践和体验 LiteOS 操作系统的中断应用，熟悉 STM32 中断的方式、优先级的配置方式，熟悉 STM32 中断向量表的注册。

知识目标	1. 熟悉 STM32 中断的方式、优先级的配置方式 2. 熟悉 STM32 中断向量表的注册
能力目标	1. 会配置按键 GPIO 口、中断优先级 2. 能利用中断实现数码管计数开始和暂停功能
重点、难点	按键 GPIO 口、中断优先级的配置及能利用中断实现数码管计数开始和暂停功能
推荐教学方式	了解 LiteOS 操作系统的操作，让学生亲身实践和体验 LiteOS 操作系统的中断应用。要引导学生动手绘制硬件电路图、软件流程图，并加深理解。引导学生对重要源码进行分析，理解其中的设计原理
推荐学习方式	认真完成每个实践，注重理论与实践的结合。要自己亲自动手去绘制和思考硬件电路图与软件流程图，要加强理解关键程序代码，每次操作都要认真去调试

知识准备

6.1　LiteOS 中断概述

按键检测一般有两种方式：查询和中断。本项目主要讲述基于华为 LiteOS 操作系统利用外部输入中断方式来实现按键捕获。

这里首先讲解 STM32F4 I/O 口中断的一些基础概念。STM32F4 的每个 I/O 都可以作为外部中断的中断输入口，这点也是 STM32F4 的强大之处。STM32F411 的中断控制器支持 22 个外部中断/事件请求。每个中断设有状态位，每个中断/事件都有独立的触发和屏蔽设置。

STM32F411 的 22 个外部中断为：

EXTI 线 0~15 对应外部 I/O 口的输入中断。

EXTI 线 16：连接到 PVD 输出。

EXTI 线 17：连接到 RTC 闹钟事件。

EXTI 线 18：连接到 USB OTG FS 唤醒事件。

EXTI 线 19：连接到以太网唤醒事件。

EXTI 线 20：连接到 USB OTG HS（在 FS 中配置）唤醒事件。

EXTI 线 21：连接到 RTC 入侵和时间戳事件。

EXTI 线 22：连接到 RTC 唤醒事件。

从上面可以看出，STM32F4 供 I/O 口使用的中断线只有 16 个，但是 STM32F4 的 I/O 口却远远不止 16 个，那么 STM32F4 是怎么把 16 个中断线和 I/O 口一一对应起来的呢？

因为 STM32 是这样设计的：GPIO 的引脚 GPIOx.0~GPIOx.15（x=A,B,C,D,E,F,G,H,I）分别对应中断线 0~15。这样每个中断线对应了最多 9 个 I/O 口，以线 0 为例，它对应了 GPIOA.0、GPIOB.0、GPIOC.0、GPIOD.0、GPIOE.0、GPIOF.0、GPIOG.0、GPIOH.0、GPIOI.0。而中断线每次只能连接到 1 个 I/O 口上，这样就需要通过配置来决定对应的中断线配置到哪个 GPIO 上了。下面看看 GPIO 与中断线的映射关系，如图 6-1 所示。GPIO 和中断线映射关系是在寄存器 SYSCFG_EXTICR1~ SYSCFG_EXTICR4 中配置的。

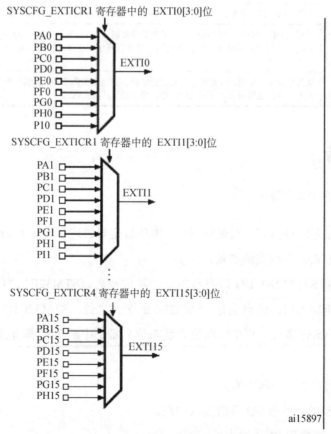

图 6-1　GPIO 跟中断线的映射关系图

基于华为 LiteOS 操作系统开发时需要注意，使用中断之前，必须将中断向量注册到中断向量表中。

6.2　硬件设计

其连接原理图如图 6-2 和图 6-3 所示。按键 S3 直接连接到 MCU 的 PD6 引脚上，我们将 PD6 设置为上拉输入，当按键按下时 PD6 引脚上高电平被拉低会产生一个下降沿，因此对应代码中设置的下降沿捕获。

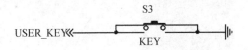

图 6-2　硬件连接图 1

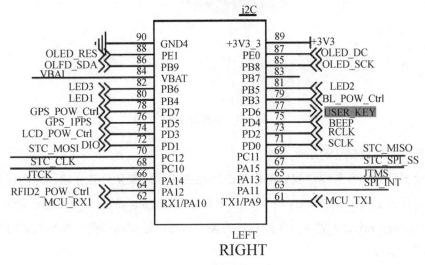

图 6-3　硬件连接图 2

6.3　软件设计

6.3.1　程序流程图

按键中断程序设计流程如图 6-4 所示。

本实训代码在项目 4 的基础上主要添加了中断的初始化及中断处理函数程序编写，并在 Task_LED 任务中添加计数器的判断。

6.3.2　重要源码分析

这里只讲解核心部分的代码，有些变量的设置、头文件的包含等可能不会涉及，完整

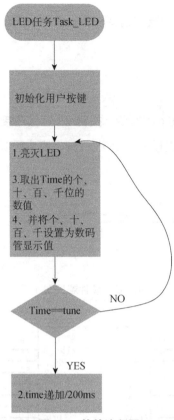

图 6-4 软件流程图

的代码请参考本项目配套的工程文件。

为了使工程更加有条理，我们把按键控制相关的代码独立分开存储，方便以后移植。在数码管工程之上向工程 Drivers 组下的 BSP 组中添加 gpio_userkey_driver.c 文件。

gpio_userkey_driver.c 文件包含封装好的关于按键中断驱动函数，编写代码时可以直接调用如下驱动函数：

void USER_KEY_IT_Init(void)；

USER_KEY1_EXTI_IRQHandler(void)；

USER_KEY_IT_Init 函数配置 PD6 为输入中断、触发方式为下降沿、中断优先级为（2，3）及将中断处理函数 USER_KEY1_EXTI_IRQHandler 注册到中断向量表中，这样在中断触发时，函数 USER_KEY1_EXTI_IRQHandler 就会被调用。

用户还需将中断服务入口函数 HAL_GPIO_EXTI_IRQHandler(USER_KEY1_PIN)添加到 USER_KEY1_EXTI_IRQHandler 函数中。

在 HAL_GPIO_EXTI_IRQHandler(USER_KEY1_PIN)函数中首先判断中断是否由 PD6 触发，如果是则清除中断标志位，并执行 HAL_GPIO_EXIT_Callback()函数，用户在这个函数中添加业务代码。

　　总结下中断函数的调用关系：USER_KEY1_EXTI_IRQHandler→HAL_GPIO_EXTI_
IRQHandler(USER_KEY1_PIN)→HAL_GPIO_EXIT_Callback。

　　这三个函数是由 STM32 硬件抽象层库提供的，用户只需要调用外部中断入口函数
HAL_GPIO_EXTI_IRQHandler，并重新编写 HAL_GPIO_EXIT_Callback 即可。这样用户不
用关心清除中断标志位及中断判断等与硬件层相关的操作，只需要重新定义 HAL_GPIO_
EXIT_Callback 函数即可。

　　本项目的中断处理业务为：反转一个标志位，让标志位来决定数码管计数是暂停还是
开始，并加上一个滤波。HAL_GPIO_EXIT_Callback 的实体代码如下：

```
void HAL_GPIO_EXTI_Callback(uint16_t GPIO_Pin)
{
  static u8 i=0;
  static uint32_t time_now=0;
  static uint32_t time_last=0;
   switch(GPIO_Pin)
     {
        case USER_KEY1_PIN:
         time_now =   LOS_TickCountGet();
         if(time_now - time_last > 500)
         {
           debug_printf("\r\n 恭喜你按键中断实训成功...\r\n");
           i=!i;
           set_time_state(i);/*将计算状态取反,对应的计数开始和暂停*/
         }

          time_last = time_now;
            break;
        default:
             break;
          }
}
```

　　App_led.c 的代码如下：

```
#include "includes.h"
UINT32 time_state = 0; /*计数器的标志位*/
Task_LED( UINT32 uwParam1,
                        UINT32 uwParam2,
                        UINT32 uwParam3,
                        UINT32 uwParam4 )
{
    UINT32 time = 0;
    u8 ge = 0, shi = 0, bai = 0, qian = 0;
    LEDs_Init();/*LED 引脚初始化*/
    USER_KEY_IT_Init();/*用户按键中断初始化*/
    for( ;; )
    {
        control_Led( LED_1, 1 );
        OSTimeDly( 50 );
        control_Led( LED_2, 1 );
        OSTimeDly( 50 );
        control_Led( LED_1, 0 );
        OSTimeDly( 50 );
```

```
        control_Led( LED_2, 0 );
        OSTimeDly( 50 );
        if( time_state == 1 ) /*开始下才计数*/
        {
            time++;
        }
        ge =   time % 10;
        shi = time / 10 % 10;
        bai = time / 100 % 10;
        qian = time / 1000 % 10;
        if( qian == 9 && bai == 9 && shi == 9 && ge == 9 )
        {
            time = 0;
        }
        SET_SHOW_595( qian, bai, shi, ge ); /*单位是 100ms*/
    }
}  }
/* USER CODE END Error_Handler_Debug */
}
```

6.4　实训设备

硬件设备及其连接同项目 1。

🖥️ 任务实训

实训内容：

（1）配置按键 GPIO 口为：上拉、下降沿触发、中断优先级（2，3）。

（2）在基于数码管实训的基础上，利用中断实现数码管计数开始和暂停功能。

步骤 1：启动 IAR。打开 "LiteOS 系统应用与开发实训\03 实训源码\实训六" 和 "基于 LiteOS 的按键中断实训\IOT_NB_ExTI\Template\EWARM" 下的工程文件 IOT_NB.eww，连接 ST-LINK 仿真和串口线，如图 6-5 所示。

图 6-5　启动实训

步骤 2：单击"Make"按钮编译后，再单击"Download and Debug"按钮，如图 6-6 所示。

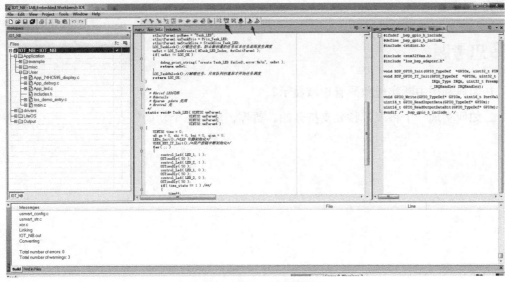

图 6-6 编译、下载与调试

步骤 3：单击"全速运行"按钮，如图 6-7 所示。

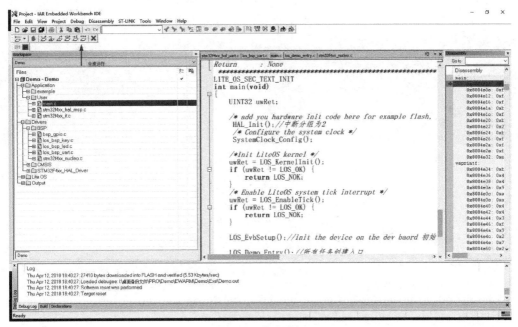

图 6-7 全速运行

步骤 4：实训验证。

（1）观察 STM32F411 实训板上的数码管递增显示效果，按压用户按键 USER_KEY，验证是否可以暂停或开始。

（2）验证完毕后，退出仿真界面，关闭 IAR 软件；关闭硬件电源，整理桌面，至此，实训完毕。

思考题

1. 如何利用中断实现数码管递增显示？

2. 如何实现一个秒表，秒表支持开始、暂停、清零三个功能？

项目 7   基于 LiteOS 的矩阵键盘设计

 教学导航

本项目基于 LiteOS 完成矩阵键盘实训，采用任务式的组织方式进行教学，从 4×4 的矩阵键盘概念引出内容，继而介绍 4×4 的矩阵键盘的工作原理、硬件设计、软件设计、实训设备等内容。通过任务实训，让学生建立起对 LiteOS 的直观认识，为后续项目的学习打下扎实基础。

知识目标	1. 了解 4×4 矩阵键盘概念 2. 熟悉 4×4 矩阵键盘工作原理 3. 熟悉 4×4 矩阵键盘硬件设计
能力目标	1. 能获取矩阵按键的键值并在数码管上显示键值 2. 会使用扫描方式实现 4×4 矩阵键盘输入
重点、难点	用扫描方式实现 4×4 矩阵键盘输入
推荐教学方式	了解 4×4 矩阵键盘概念、工作原理，结合 4×4 矩阵键盘硬件设计，引导学生通过查阅资料，掌握矩阵按键扫描方式等内容
推荐学习方式	认真完成任务实训，通过实训项目动手操作，将理论与实践相结合，掌握矩阵键盘实训

在电路开发中，常常会涉及用户输入的需求，而最常用的就是 4×4 的矩阵键盘，在项目 5 中我们完成了采用中断方式实现单一按键输入，而在本项目我们将介绍如何使用扫描方式实现 4×4 矩阵键盘输入。

知识准备

7.1 矩阵键盘简介

矩阵键盘又称行列键盘，它是用 4 条 I/O 线作为行线，4 条 I/O 线作为列线组成的键盘。在行线和列线的每个交叉点上设置一个按键。这样键盘上按键的个数就为 4×4 个。这种行列式键盘结构能有效地提高单片机系统中 I/O 口的利用率。

7.2 工作原理

实验箱上的矩阵键盘布局如图 7-1 所示，由 16 个按键组成，STM32 可以使用 8 个引脚实现 16 个按键功能。这也是在嵌入式设备中最常用的形式，其内部电路如图 7-2 所示。

图 7-1　矩阵键盘布局

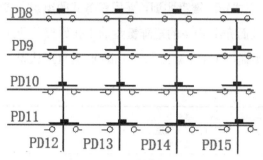

图 7-2　矩阵键盘内部电路

当无按键闭合时，PD8~PD11 与 PD12~PD15 之间开路。当有键闭合时，与闭合键相连的两条 I/O 口线之间短路。判断有无按键按下的方法是：第一步，置列线 PD8~PD11 为输入状态且上拉，从行线 PD12~PD15 输出低电平，读入列线数据，若某一列线为低电平，则该列线上有键闭合。第二步，行线轮流输出低电平，从列线 PD8~PD11 读入数据，若有某一列为低电平，则对应行线上有键按下。综合两步的结果，可确定按键编号。但是键闭合一次只能进行一次按键操作，因此，必须等到按键释放后，再进行按键操作，否则按一次键，有可能会连续多次进行同样的按键操作。

7.3　实训目的

掌握矩阵按键的扫描方式。

7.4　实训内容

获取矩阵按键的键值并在数码管上显示键值。

7.5　硬件设计

其连接原理图如图 7-2 所示，PD8～PD11 连接到矩阵键盘的行、PD12～PD15 连接到矩阵键盘的列。

7.6　软件设计

7.6.1　程序流程图

程序流程图如图 7-3 所示。本项目实训代码在项目 6 的基础上主要添加了中断的初始化及中断处理函数程序编写，并在 Task_LED 任务中添加计数器的判断。

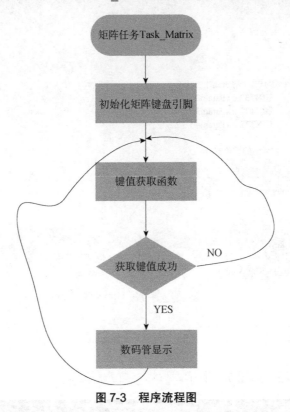

图 7-3　程序流程图

7.6.2　重要源码分析

这里只讲解核心部分的代码，有些变量的设置、头文件的包含等可能不会涉及，完整的代码请参考本项目配套的工程。

为了使工程更加有条理，我们把按键控制相关的代码独立分开存储，方便以后移植。在数码管工程之上向工程 Drivers 组下的 BSP 组中添加 gpio_matrix_driver.c 文件。

gpio_matrix_driver.c 文件包含封装好的关于矩阵按键的操作函数，编写代码时可以直接调用如下驱动函数：

void MATRIX_KEY_Init(void);

int8_t get_key(void);

void MATRIX_KEY_Init 函数配置 PD8~PD11 为输入、下拉；PD12~PD15 为输出、上拉。

int8_t get_key(void)函数为获取按键键值函数，在任务中实时调用该函数，当有按键按下时，该函数会自动扫描并返回键值。

App_matrix.c 文件包含封装好的创建矩阵扫描任务，直接调用 create_Task_Matrix(void) 函数创建矩阵按键扫描任务。矩阵扫描任务函数代码如下。

```c
#include "includes.h"
/**
  * @brief LED 闪烁
  * @details
  * @param   pdata  无用
  * @retval  无
  */
static void* Task_Matrix( UINT32 uwParam1,
                          UINT32 uwParam2,
                          UINT32 uwParam3,
                          UINT32 uwParam4 )
{
  int8_t Key_Value = 0;   /*读出的键值*/

    MATRIX_KEY_Init();
  debug_printf("[%s] enter.\r\n", __func__);
  for( ;; )
  {
    OSTimeDly( 50 );
    Key_Value = get_key();
    if(Key_Value != -1)
    SET_SHOW_595(0,0,0,Key_Value);
  }
}
```

7.7　实训设备

物联网认证实验箱，如图 7-4 所示。

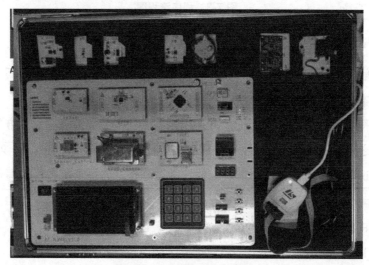

图 7-4　物联网认证实验箱

ST-LINK 仿真器一个，如图 7-5 所示。

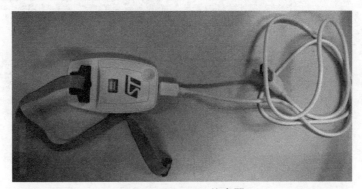

图 7-5　ST-LINK 仿真器

设备连接，如图 7-6 所示。

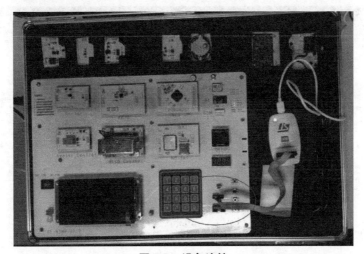

图 7-6　设备连接

任务实训

步骤 1：启动 IAR，打开"LiteOS 系统应用与开发实训\03 实训源码\实训七""基于 LiteOS 的矩阵键盘实训\IOT_NB_Matix\Template\EWARM"中的工程文件 ITO_NB.eww，连接 ST-LINK 仿真和串口线，如图 7-7 所示。

步骤 2：单击"Make"按钮编译后，再单击"Download and Debug"按钮，如图 7-8 所示。

步骤 3：单击"全速运行"按钮，如图 7-9 所示。

步骤 4：实训验证。

（1）观察 STM32F411 实训板上的数码管递增显示效果，按压矩阵键盘，验证是否可以在数码管上显示键值。

图 7-7　打开 LiteOS 系统应用与开发实训

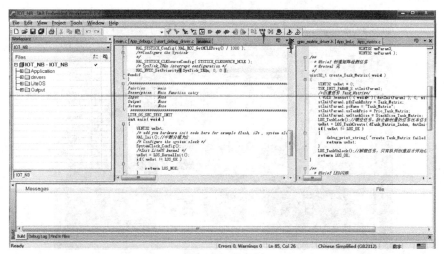

图 7-8　编译

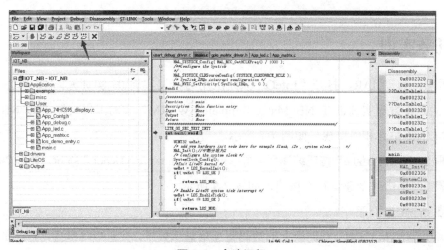

图 7-9　全速运行

（2）验证完毕后，退出仿真界面，关闭 IAR 软件；关闭硬件电源，整理桌面，至此，实训完毕。

思考题

1. 分析键值，发现键盘"1"位置对应的键值为 0；"A"位置对应的键值为 3。其他键依次类推，那么如何将键值转化为矩阵键盘上显示的字符呢？

2. 如果键盘按键失灵，该如何解决？

项目 8　基于 LiteOS 的 OLED 液晶屏显示设计

教学导航

本项目通过对基于 LiteOS 的 OLED 液晶屏实训，介绍 OLED 液晶屏的概念、模块的特点，以及 OLED 硬件设计和程序流程设计。通过本项目的学习，学生能进行 OLED 操作设置，会调用 OLED 驱动库文件，点亮 OLED 显示屏，并显示字符。

知识目标	1. 了解 OLED 的概念及模块的特点 2. 熟悉 4 线串行 SIP 接口方式 3. 熟悉 OLED 硬件设计 4. 熟悉 OLED 程序流程设计
能力目标	1. 会进行 OLED 的操作设置 2. 会调用 OLED 驱动库文件，点亮 OLED 显示屏，并显示字符
重点、难点	调用 OLED 驱动库文件，点亮 OLED 显示屏，并显示字符
推荐教学方式	由浅入深，从 OLED 的概念到 OLED 模块的特点，层层递进。从认知到动手实践，引导学生对基于 LiteOS 的 OLED 液晶屏实训建立牢固的知识框架。通过分析，使学生能独自完成代码编写，促进学生理解设计电路，提高自身的创新水平
推荐学习方式	由浅入深，认真分析 OLED 液晶屏软硬件设计，充分理解其设计方案。建立牢固的寄存器配置框架，通过借鉴示例代码，充分吸收其编程思想，做到为我所用。要亲手练习其示例代码，步步为营，学会程序移植与创新

本项目将介绍 OLED 屏的使用方法，在实验箱上我们将实现 OLED 点亮，并实现 ASCII 字符的显示。

 知识准备

8.1　OLED 概述

8.1.1　OLED 介绍

OLED，即有机发光二极管（Organic Light-Emitting Diode），又称为有机电激光显示（Organic Electroluminesence Display，OELD）。OLED 由于同时具备自发光，不需背光源、对比度高、厚度薄、视角广、反应速度快、可用于挠曲性面板、使用温度范围广、构造及制程较简单等优异特性，被认为是下一代的平面显示器新兴应用技术。

LCD 都需要背光，而 OLED 不需要，因为它是自发光的。这样同样的显示，OLED 效果要好一些。以目前的技术，OLED 的尺寸还难以大型化，但是分辨率却很高。

本项目使用的 OLED 模块具有以下特点：

（1）模块有单色和双色两种可选，单色为纯蓝色，而双色则为黄蓝双色。

（2）尺寸小，显示尺寸为 0.96 寸，而模块的尺寸仅为 27mm×26mm。

（3）高分辨率，该模块的分辨率为 128×64。

（4）多种接口方式，该模块提供了总共 5 种接口：6800、8080 两种并行接口方式；3 线或 4 线的串行 SPI 接口方式；IIC 接口方式（只需要 2 根线就可以控制 OLED）。

（5）不需要高压，直接接 3.3V 电源就可以工作了。

OLED 实物，如图 8-1 所示。

图 8-1　实物图

8.1.2　4 线串行 SPI 接口方式

本实验箱使用 4 线串行 SPI 接口方式。在 4 线 SPI 模式下，每个数据长度均为 8 位，在 SCLK 的上升沿，数据从 SDIN 移入到 SSD1306，并且高位在前。DC 线是用作命令/数据的标志线。在 4 线 SPI 模式下，写操作的时序如图 8-2 所示。

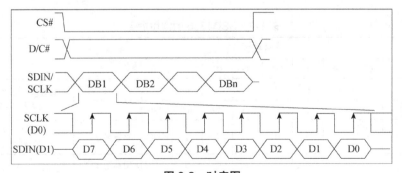

图 8-2　时序图

接下来介绍一下模块的显存，SSD1306 的显存总共为 128×64bit 大小，SSD1306 将这些显存分为了 8 页，其对应关系如表 8-1 所示。

表 8-1　模块的显存

列（COM0~63）	行（COL0~127）						
	SEG0	SEG1	SEG2	……	SEG125	SEG126	SEG127
	PAGE0						
	PAGE1						
	PAGE2						
	PAGE3						
	PAGE4						
	PAGE5						
	PAGE6						
	PAGE7						

从 SSD1306 显存与屏幕对应关系可以看出，SSD1306 的每页包含了 128 个字节，总共 8 页，这样刚好是 128×64 的点阵大小。因为每次都是按字节写入的，这就存在一个问题，如果我们使用只写方式操作模块，那么，每次要写 8 个点，这样，我们在画点时，就必须把要设置的点所在的字节的每个位都搞清楚当前的状态（0/1），否则写入的数据就会覆盖掉之前的状态，其结果就是有些不需要的点被显示出来了，或者该显示的没有显示。这个问题在能读的模式下，我们可以先读出来要写入的那个字节，得到当前状况，在修改了要改写的位之后再写入 GRAM，这样就不会影响之前的状况了。但是这样需要能读 GRAM，对于 4 线 SPI 模式/IIC 模式，该模块是不支持读的，而且读、改、写的方式速度也比较慢。所以我们采用的办法是在 STM32F411 的内部建立一个 OLED 的 GRAM（共 128×8 个字节），在每次修改时，只修改 STM32F411 上的 GRAM（实际上就是 SRAM），在修改完了之后，一次性地把 STM32F411 上的 GRAM 写入到 OLED 的 GRAM。

SSD1306 的常用命令如表 8-2 所示。

表 8-2　SSD1306 的常用命令

序号	指令 HEX	各位描述								命令	说明
		D7	D6	D5	D4	D3	D2	D1	D0		
0	81	1	0	0	0	0	0	0	1	设置对比度	A 的值越大屏幕越亮，A 的范围从 0X00 0XFF
	A[7:0]	A7	A6	A5	A4	A3	A2	A1	A0		
1	AE/AF	1	0	1	0	1	1	1	X0	设置显示开	X0=0，关闭显示 X0=1，开启显示
2	8D	1	0	0	0	1	1	0	1	电荷泵设置	A2=0，关闭电荷泵 A2=1，开启电荷泵
3	A[7:0]	*	*	0	1	0	A2	0	0		
	B0~B7	1	0	1	1	0	X2	X1	X0	设置页地址	X[2:0]=0~7 对应页 0~7

续表

序号	指令	各位描述								命令	说明
	HEX	D7	D6	D5	D4	D3	D2	D1	D0		
4	00~0F	0	0	0	0	X3	X2	X1	X0	设置列地址低四位	设置 8 位起始列地址的低 4 位
5	10~1F	0	0	0	0	X3	X2	X1	X0	设置列地址高四位	设置 8 位起始列地址的高 4 位

第一个命令为 0X81，用于设置对比度，这个命令包含了两个字节，第一个字节 0X81 命令字，随后发送的一个字节为要设置的对比度的值。这个值设置得越大屏幕就越亮。第二个命令为 0XAE/0XAF，其中 0XAE 为关闭显示命令，0XAF 为开启显示命令。第三个命令为 0X8D，该指令也包含 2 个字节，第一个字节为命令字，第二个字节为设置值，第二个字节中 BIT2 表示电荷泵的开关状态，该位为 1，则表示开启电荷泵，为 0 则表示关闭电荷泵。在模块初始化的时候，这个必须要开启，否则是看不到屏幕显示的。第四个命令为 0XB0~B7，该命令用于设置页地址，其低三位的值对应 GRAM 的页地址。

8.2　实训目的

掌握 OLED 的操作设置。

8.3　实训内容

调用 OLED 驱动库文件，点亮 OLED 显示屏，并显示出字符。

8.4　硬件设计

其连接原理图如图 8-3 和表 8-3 所示。

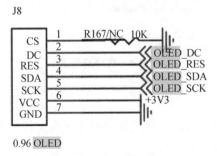

图 8-3　连接原理图

表 8-3　OLED 引脚

OLED 引脚	功能	连接引脚
CS	OLED 片选信号	GND

续表

OLED 引脚	功能	连接引脚
DC	数据/命令标志（0 命令、1 数据）	PE0
RES	硬件复位引脚	PE1
SDA	串行数据线	PB9
SCK	串行时钟线	PB8
VCC	电源 3.3V	3.3V
GND	地	GND

8.5　软件设计

8.5.1　程序流程图

程序流程图如图 8-4 所示。本实训代码在项目 4 的基础上主要添加了 OLED 显示屏的驱动文件，并在 Task_LED 任务中添加 OLED 初始化代码和显示字符串函数。

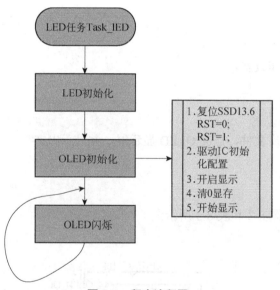

图 8-4　程序流程图

8.5.2　重要源码分析

这里只讲解核心部分的代码，有些变量的设置、头文件的包含等可能不会涉及，完整的代码请参考本项目配套的工程。

为了使工程更加有条理，我们把按键控制相关的代码独立分开存储，方便以后移植。在数码管工程之上向工程 Drivers 组下的 BSP 组中添加 oled_driver.c 文件。

oled_driver.c 文件包含封装好的关于 OLED 的驱动函数，编写代码时可以直接调用如下驱动函数：

void OLED_Init(void)；

void LCD_Print(const char *pstring, ...)；

OLED_Init 函数配置好了 OLED 显示屏，调用 LCD_Print 函数即可以在 OLED 显示屏上显示对应的字符串。

Task_LED.c 代码如下：

```c
#include "includes.h"
UINT32 time_state = 0; /*计数器的标志位*/
Task_LED( UINT32 uwParam1,
                    UINT32 uwParam2,
                    UINT32 uwParam3,
                    UINT32 uwParam4 )
{
    LEDs_Init();/*LED 引脚初始化*/
    OLED_Init(); /*Oled 初始化*/
    LCD_Print( "Hello iot-nb@xunfang" );
    for( ;; )
    {
        control_Led( LED_1, 1 );
        OSTimeDly( 50 );
        control_Led( LED_2, 1 );
        OSTimeDly( 50 );
        control_Led( LED_3, 1 );
        OSTimeDly( 50 );
        control_Led( LED_1, 0 );
        OSTimeDly( 50 );
        control_Led( LED_2, 0 );
        OSTimeDly( 50 );
        control_Led( LED_3, 0 );
        OSTimeDly( 50 );
    }
```

8.6 　实训设备

物联网认证实验箱，如图 8-5 所示。

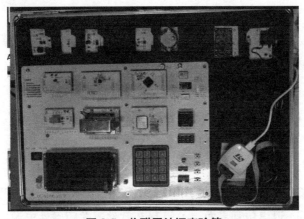

图 8-5 　物联网认证实验箱

ST-LINK 仿真器一个，如图 8-6 所示。

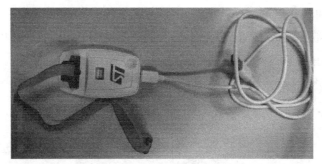

图 8-6　ST-LINK 仿真器

设备连接，如图 8-7 所示。

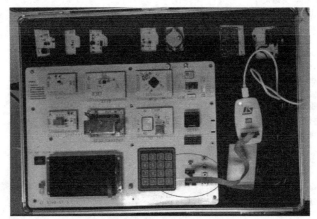

图 8-7　设备连接

任务实训

实训内容：基于 LiteOS 的 OLED 液晶屏实训。

步骤 1：启动 IAR。打开"LiteOS 系统应用与开发实训\03 实训源码\实训八"和"基于 LiteOS 的 OLED 液晶屏实训\IOT_NB_Oled\Template\EWARM"下的工程文件 IOT_NB.eww，连接 ST-LINK 仿真和串口线，如图 8-8 所示。

步骤 2：单击"Make"按钮编译，再单击"Download and Debug"，如图 8-9 所示。

步骤 3：单击"全速运行"按钮，如图 8-10 所示。

步骤 4：实训验证。

（1）观察 STM32F411 实训板上的 OLED 显示效果，验证是否是用户输入的字符串内容。

（2）验证完毕后，退出仿真界面，关闭 IAR 软件；关闭硬件电源，整理桌面，至此，实训完毕。

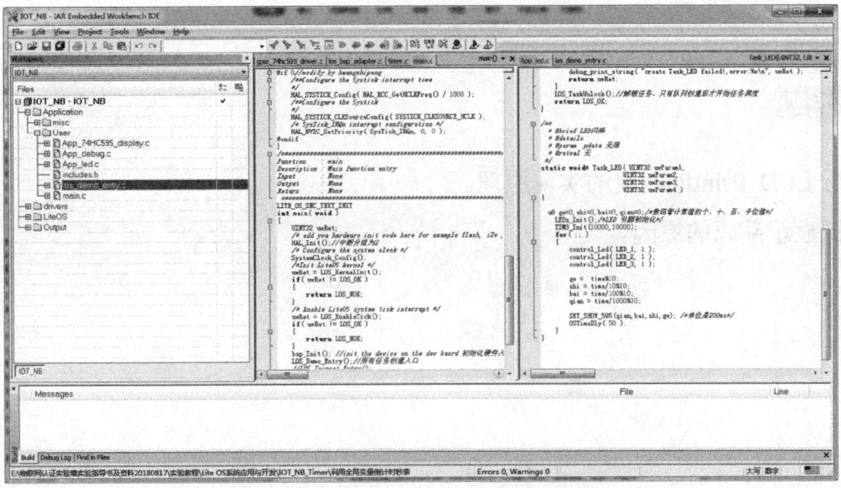

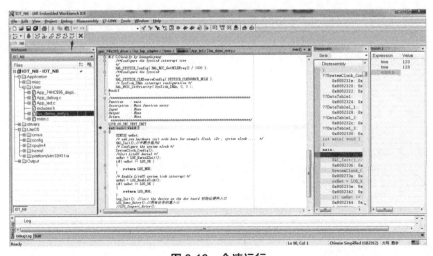

图 8-8　打开 LiteOS 系统应用与开发实训

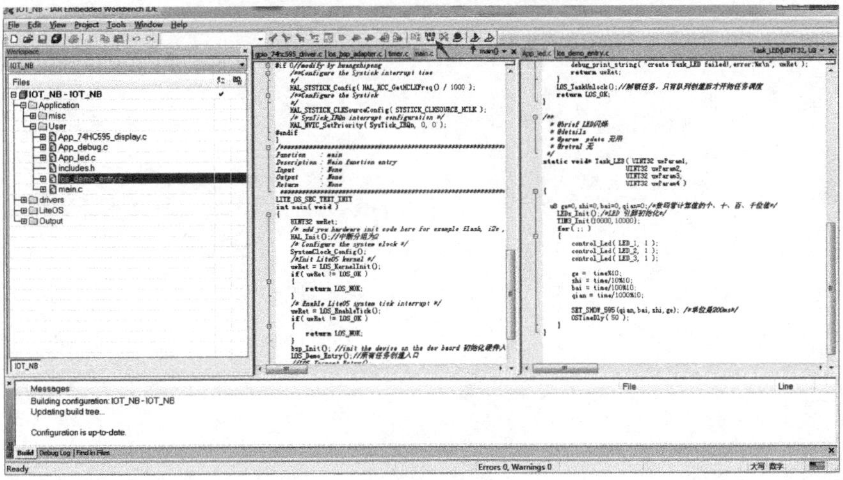

图 8-9　编译

图 8-10　全速运行

思考题

1. 分析 LCD_Printf()函数的实现原理。
2. 分析显示乱码的原因。

项目 9　　　　基于 LiteOS 的串口通信设计

教学导航

本项目通过基于 LiteOS 操作系统来实现串口通信的操作，让学生亲身实践和体验 LiteOS 操作系统的应用，加深学生对 LiteOS 操作系统的认知。采用项目任务式的组织方式，从基础到深入，由认知到实践，分步教学。首先介绍串口通信概念、方式，使用 STM32 USART 工作的编程方法；再通过串口通信硬件电路的设计，加深理解软件流程图的绘制，并通过 LiteOS 完成串口通信实训。

知识目标	1. 了解串口通信的概念及方式 2. 熟悉串口通信硬件设计原理图 3. 熟悉串口通信程序流程设计
能力目标	1. 会使用 STM32 USART 工作的编程方法 2. 能编程实现串口与 PC 通信
重点、难点	编程实现串口与 PC 通信
推荐教学方式	了解 LiteOS 操作系统的操作，让学生亲身实践和体验 LiteOS 操作系统的应用。通过对硬件电路图、软件流程图的绘制加深理解。引导学生对重要源码进行分析，理解其中的设计原理
推荐学习方式	认真完成实践任务，注重理论与实践的结合。要自己亲自动手去绘制和思考硬件电路图与软件流程图，要加强理解关键程序代码，每次操作都要认真调试

串口通信是设备间常用的一种串行通信方式，大部分电子设备都支持该通信方式，如：PC 端通信、NB 模块、蓝牙、ZigBee 等都通过串口与其他外设芯片进行通信。

知识准备

STM32 的外设

STM32 芯片具有多个 USART（Universal Synchronous Asynchronous Receiver and Transmitter）外设用于串口通信，即通用同步异步收发器可以灵活地与外部设备进行全双工数据交换。有别于 USART，它还具有 UART 外设（Universal AsynchronousReceiver and Transmitter），它是在 USART 基础上裁剪了同步通信功能，只有异步通信。简单区分同步和异步就是看通信时需不需要对外提供时钟输出，我们平时用的串口通信基本都是

UART。

STM32 的 USART 输出的是 TTL 电平信号，若需要 RS-232 标准的信号可使用 MAX3232 芯片进行转换。

9.1　实训目的

1. 熟悉串口通信。

2. 掌握使用 STM32 USART 工作的编程方法。

9.2　实训内容

编程实现串口与 PC 通信。

9.3　硬件设计

其连接原理图如图 9-1 所示。STM32F411 上的 PA9 和 PA10 引脚连接 ch438 芯片（USB 转 TTL）的 TXD、RXD 引脚，然后通过 D+、D-引脚转化为 USB 数据格式。

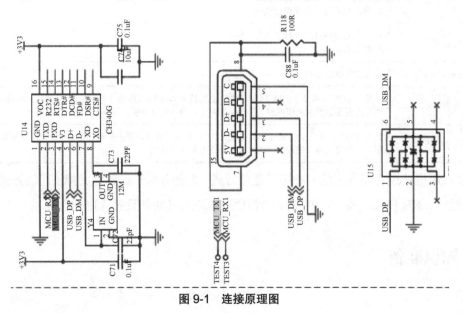

图 9-1　连接原理图

9.4　软件设计

9.4.1　程序流程图

程序流程图如图 9-2 所示。本实训代码在项目 4 的基础上主要添加了 UART 驱动文件。并在 Task_LED 任务中添加 UART 初始化函数 DEBUG_USART_Init 和打印字符串函数 debug_printf。

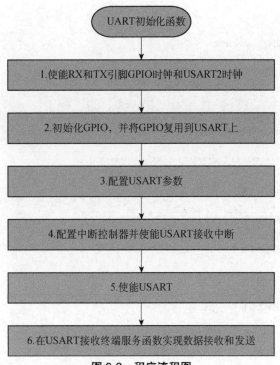

图 9-2　程序流程图

9.4.2　重要源码分析

这里只讲解核心部分的代码，有些变量的设置、头文件的包含等可能不会涉及，完整的代码请参考本项目配套的工程。

为了使工程更加有条理，我们把按键控制相关的代码独立分开存储，方便以后移植。在数码管工程之上向工程 Drivers 组下的 BSP 组中添加 usart_debug_driver.c 文件。

usart_debug_driver.c 文件包含封装好的关于 UART1 的驱动函数，编写代码时可以直接调用如下驱动函数：

void DEBUG_USART_Init(void)

void debug_printf(const char* pstring, ...);

void DEBUG_USART_IRQHandler(void)

DEBUG_USART_Init 函数配置 UART1 通信速率 115200 并且注册了串口接收中断处理函数，调用 debug_printf(const char* pstring, ...)函数即可以将数据通过 UART 发送出去。而 void DEBUG_USART_IRQHandler(void)函数为串口接收数据处理函数，在这个函数中我们将接收的数据原封不动地发回去，我们称为"回显"。该函数的定义请参考本项目工程文件 usart_debug_driver 文件。

App_LED.c 代码如下：

```
#include "includes.h"
*/
static void* Task_LED( UINT32 uwParam1,
                       UINT32 uwParam2,
                       UINT32 uwParam3,
                       UINT32 uwParam4 )
{
    LEDs_Init();/*LED 引脚初始化*/
    DEBUG_USART_Init();/*调试串口初始化*/
    OSTimeDly( 2000 );
    debug_printf( "\r\n/*******串口实训***LED_TASK......******/" );
    for( ;; )
    {   control_Led( LED_1, 1 );
        OSTimeDly( 50 );
        control_Led( LED_2, 1 );
        OSTimeDly( 50 );
        control_Led( LED_3, 1 );
        OSTimeDly( 50 );
        control_Led( LED_1, 0 );
        OSTimeDly( 50 );
        control_Led( LED_2, 0 );
        OSTimeDly( 50 );
        control_Led( LED_3, 0 );
        OSTimeDly( 50 );
    }
}
```

9.5　实训设备

物联网认证实验箱，如图 9-2 所示。

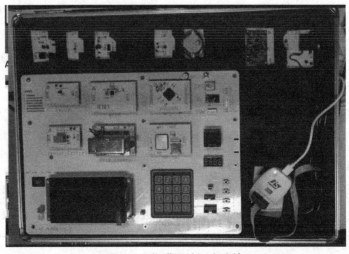

图 9-2　物联网认证实验箱

ST-LINK 仿真器一个，如图 9-3 所示；USB 转串口数据线一条，如图 9-4 所示。

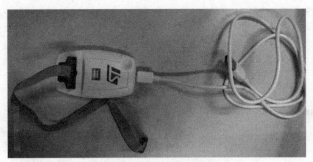

图 9-3　ST-LINK 仿真器

图 9-4　USB 转串口数据线

设备连接,如图 9-5 所示,一端连接实验箱,另一端连接 PC 的 USB 接口。

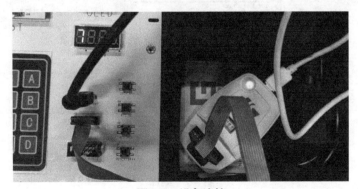

图 9-5　设备连接

📟 任务实训

步骤 1:启动 IAR,打开"LiteOS 系统应用与开发实训\03 实训源码\实训九"和"基于 LiteOS 的串口通信实训\IOT_NB_UART\Template\EWARM"下的工程文件 IOT_NB.eww,连接 ST-LINK 仿真和串口线,如图 9-6 所示。

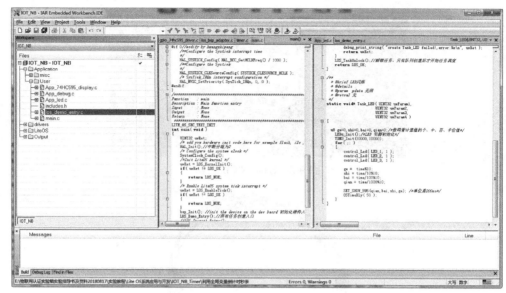

图 9-6　LiteOS 系统应用与开发实训

步骤 2：单击"Make"按钮编译后再单击"Download and Debug"按钮，如图 9-7 所示。

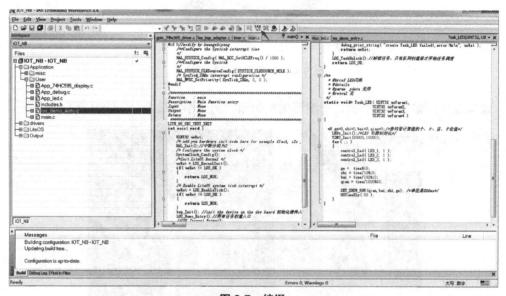

图 9-7　编译

步骤 3：单击"全速运行"按钮，如图 9-8 所示。

步骤 4：在 PC 端打开串口调试助手，如图 9-9 所示。

步骤 5：实训验证。

（1）观察串口调试助手的显示效果，验证是否是用户输入的字符串内容。

（2）验证完毕后，退出仿真界面，关闭 IAR 软件；关闭硬件电源，整理桌面，至此，实训完毕。

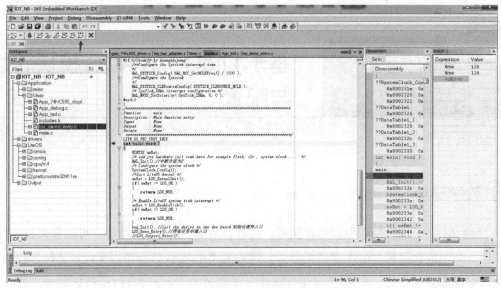

图 9-8　全速运行

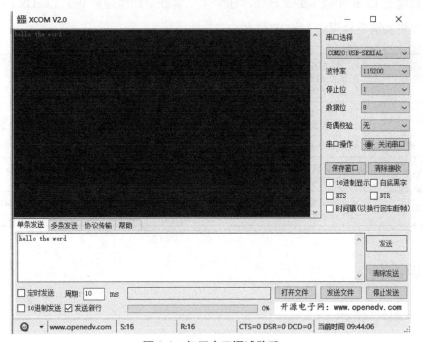

图 9-9　打开串口调试助手

　思考题

1. 分析串口接收中断函数的逻辑。

2. 串口通信终端一般有哪些原因？

项目 10   基于 LiteOS 的 ADC 模块转换
与配置

教学导航

12 位 ADC 是逐次趋近型模数转换器。它具有多达 19 个复用通道，可测量来自 16 个外部源、两个内部源和 VBAT 通道的信号。这些通道的 A/D 转换可在单次、连续、扫描或不连续采样模式下进行。ADC 的结果存储在一个左对齐或右对齐的 16 位数据寄存器中。

本项目通过 LiteOS 通信测试操作，让学生从实践中加深理解基于 LiteOS 的 AD 转换实训，从而更加清楚地理解 LiteOS 技术。

知识目标	1. 了解 ADC 参考电压、输入通道、转换顺序、触发源、电压转换等知识内容 2. 熟悉 ADC 硬件设计电路 3. 熟悉 ADC 核心代码
能力目标	1. 掌握 STM32 ADC 模块转换原理及如何配置 STM32 的 ADC 2. 通过采集实验箱上的电池电压，将采集到的电压值通过串口输出到串口调试助手上
重点、难点	采集实验箱上的电池电压，将采集到的电压值通过串口输出到串口调试助手上
推荐教学方式	理解 AD 转换的概念，学习 ADC 硬件设计电路，让学生理解 ADC 核心代码的含义，指导学生完成 AD 转换的实训
推荐学习方式	认真学习理论知识开拓自己的视野，注重实践与理论相结合，在实践与理论中相互验证，涉及核心代码部分，一定要学会查看资料

知识准备

10.1　ADC 概述

STM32F411VET6 只有 1 个 ADC，支持 12 位、10 位、8 位和 6 位可选，每个 ADC 有 16 个外部通道。另外还有两个内部 ADC 源和 VBAT 通道挂在 ADC1 上。ADC 具有独立模式、双重模式和三重模式，对于不同 AD 转换要求几乎都有合适的模式可选。

掌握了 ADC 的功能框图，就可以对 ADC 有一个整体的把握，在编程时可以做到了然如胸，不会一知半解。功能框图采用从左到右的方式，与 ADC 采集数据、转换数据、传输数据的方向大概一致，如图 10-1 所示。

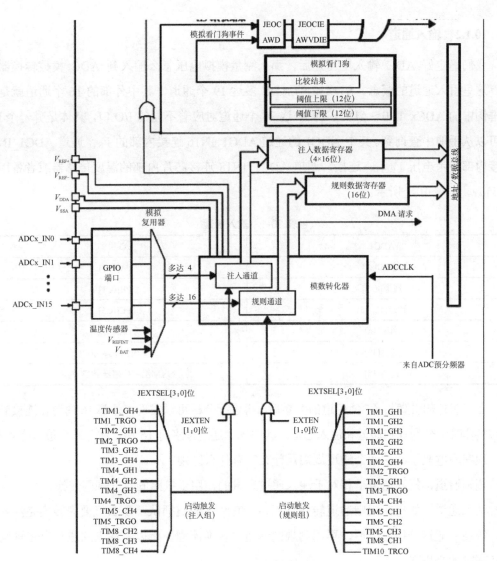

图 10-1　ADC 的功能框图

10.1.1　ADC 参考电压

ADC 输入范围为：$V_{REF-} \leqslant V_{IN} \leqslant V_{REF+}$，由 V_{REF-}、V_{REF+}、V_{DDA}、V_{SSA} 这 4 个外部引脚决定。我们在设计原理图时一般把 V_{SSA} 和 V_{REF-} 接地，把 V_{REF+} 和 V_{DDA} 接 3.3V，得到 ADC 的输入电压范围为 0～3.3V。如果 V_{REF+} 和 V_{DDA} 接的参考电压不稳定则会产生误差。

如果我们想让输入的电压范围变宽，想要测试负电压或者更高的正电压，则可以在外部加一个电压调理电路，把需要转换的电压抬升或者降压到 0~3.3V，这样 ADC 就可以测量了。

10.1.2 输入通道

我们确定好 ADC 输入电压之后，那么测量模拟电压怎么输入到 ADC 模数转换器中呢？这里引入通道的概念，STM32 的 ADC 多达 19 个通道，其中外部的 16 个通道就是功能框图中的 ADCx_IN0～ADCx_IN5。这 16 个通道对应着不同的 I/O 口，具体是哪一个 I/O 口可以从手册中查询到。其中 ADC1 的通道 ADC1_IN16 连接内部的 V_{SS}，通道 ADC1_IN17 连接内部参考电压 V_{REFINT} 连接，通道 ADC1_IN18 连接芯片内部的温度传感器或者备用电源 V_{BAT}，如表 10-1 所示。

表 10-1 输入通道

ADC1	I/O 引脚
通道[0..7]	PA[0..7]
通道[8..9]	PB[0..1]
通道[10..15]	PC[0..5]
通道[16]	内部 V_{SS}
通道[17]	内部 V_{REFINT}
通道[18]	内部温度传感器/内部 V_{BAT}

在理清外部引脚与 ADC 通道的关系后，再进行分析可以发现，外部 16 通道在连接到模数转换器时又分为规则通道和注入通道，其中规则通道最多有 16 路，注入通道最多有 4 路。

现在问题来了，这两个通道规则是什么？有什么区别？

规则通道：规则通道是相对于注入通道来讲的，用于按照固定的规则转换。

注入通道：如果在规则通道转换过程中，有注入通道插队，那么就要先转换完注入通道，等注入通道转换完成后，再回到规则通道的转换流程。所以，注入通道只有在规则通道存在时才会出现。

10.1.3 转换顺序

1. 规则序列

规则序列寄存器有 3 个，分别为 SQR3、SQR2、SQR1。SQR3 控制着规则序列中的第一到第六个转换，对应的位为：SQ1[4:0]~SQ6[4:0]，第一次转换的是位 4:0 SQ1[4:0]，如果通道 16 想第一次转换，那么在 SQ1[4:0]中写 16 即可。SQR2 控制着规则序列中的第 7 到第 12 个转换，对应的位为：SQ7[4:0]~SQ12[4:0]，如果通道 1 想第 8 个转换，则在 SQ8[4:0]中写 1 即可。SQR1 控制着规则序列中的第 13 到第 16 个转换，对应的位为：SQ13[4:0]~SQ16[4:0]，如果通道 6 想第 10 个转换，则在 SQ10[4:0]中写 6 即可。具体使用多少个通道，由 SQR1 的位 L[3:0]决定，最多 16 个通道，如表 10-2 所示。

表 10-2　规则序列寄存器

规则序列寄存器 SQRx，（x=1,2,3）			
寄存器	寄存器位	功能	取值
SQR3	SQ1[4:0]	设置第 1 个转换的通道	通道 1~16
	SQ2[4:0]	设置第 2 个转换的通道	通道 1~16
	SQ3[4:0]	设置第 3 个转换的通道	通道 1~16
	SQ4[4:0]	设置第 4 个转换的通道	通道 1~16
	SQ5[4:0]	设置第 5 个转换的通道	通道 1~16
	SQ6[4:0]	设置第 6 个转换的通道	通道 1~16
SQR2	SQ7[4:0]	设置第 7 个转换的通道	通道 1~16
	SQ8[4:0]	设置第 8 个转换的通道	通道 1~16
	SQ9[4:0]	设置第 9 个转换的通道	通道 1~16
	SQ10[4:0]	设置第 10 个转换的通道	通道 1~16
	SQ11[4:0]	设置第 11 个转换的通道	通道 1~16
	SQ12[4:0]	设置第 12 个转换的通道	通道 1~16
SQR1	SQ13[4:0]	设置第 13 个转换的通道	通道 1~16
	SQ14[4:0]	设置第 14 个转换的通道	通道 1~16
	SQ15[4:0]	设置第 15 个转换的通道	通道 1~16
	SQ16[4:0]	设置第 16 个转换的通道	通道 1~16
	SQL[3:0]	需要转换多少个通道	1~16

2. 注入序列

注入序列寄存器 JSQR 只有一个，最多支持 4 个通道，具体有多少个由 JSQR 的 JL[2:0] 决定。如果 JL 的值小于 4 的话，则 JSQR 与 SQR 决定转换顺序的设置不一样，第一次转换的不是 JSQR1[4:0]，而是 JCQRx[4:0]（x=4～JL），与 SQR 刚好相反。如果 JL=00（1 个转换），那么转换的顺序是从 JSQR4[4:0]开始，而不是从 JSQR1[4:0]开始的，这个要注意，编程时不要搞错。当 JL 等于 4 时，与 SQR 一样，如表 10-3 所示。

表 10-3　注入序列寄存器

注入序列寄存器 JSQR			
寄存器	寄存器位	功能	取值
JSQR	JSQ1[4:0]	设置第 1 个转换的通道	通道 1~4
	JSQ2[4:0]	设置第 2 个转换的通道	通道 1~4
	JSQ3[4:0]	设置第 3 个转换的通道	通道 1~4
	JSQ4[4:0]	设置第 4 个转换的通道	通道 1~4
	JL[1:0]	需要转换多少个通道	1~4

10.1.4　触发源

通道选好了，转换的顺序也设置好了，那接下来就该开始转换了。ADC 转换可以由 ADC 控制寄存器 2（ADC_CR2）的 ADON 这个位来控制，写 1 时开始转换，写 0 时停止转换，这个是最简单也是最好理解的开启 ADC 转换的控制方式。本实训采用这个方式来采集电压数据。

除了这种软件控制方法，ADC 还支持外部事件触发转换，这个触发包括内部定时器触发和外部 I/O 触发。触发源有很多，具体选择哪一种触发源，由 ADC 控制寄存器 2（ADC_CR2）的 EXTSEL[2:0]和 JEXTSEL[2:0]位来控制。EXTSEL[2:0]用于选择规则通道的触发源，JEXTSEL[2:0]用于选择注入通道的触发源。选定好触发源之后，触发源是否要激活，则由 ADC 控制寄存器 2（ADC_CR2）的 EXTTRIG 和 JEXTTRIG 这两位来激活。如果使能了外部触发事件，我们还可以通过设置 ADC 控制寄存器 2（ADC_CR2）的 EXTEN[1:0]和 JEXTEN[1:0]来控制触发极性，可以有 4 种状态，分别是：禁止触发检测、上升沿检测、下降沿检测及上升沿和下降沿均检测。

10.1.5　电压转换

模拟电压经过 ADC 转换后，是一个相对精度的数字值，如果通过串口以十六进制打印出来的话，可读性比较差，那么我们就需要把数字电压转换成模拟电压，也可以跟实际的模拟电压（用万用表测）对比，看看转换是否准确。我们一般在设计原理图时会把 ADC 的输入电压范围设定在：0~3.3V，如果设置 ADC 为 12 位的，那么 12 位满量程对应的就是 3.3V，12 位满量程对应的数字值是：2^{12}。数值 0 对应的就是 0V。如果转换后的数值为 X，X 对应的模拟电压为 Y，那么会有如下等式成立：$2^{12}/3.3=X/Y$，即 $Y=(3.3{\times}X)/2^{12}$。

10.2　实训目的

掌握 STM32 ADC 模块转换原理及如何配置 STM32 的 ADC。

10.3　实训内容

采集实验箱上的电池电压，并将采集到的电压值通过串口输出到串口调试助手上。

10.4　硬件设计

硬件连接如图 10-2 所示。7.4V 的电池电压经过一个分压电路（470K/(1M+470K)=0.33）到电阻 R25 处再经过一个运放，根据"虚短"原则得出 MCU_ADC_BA(PC2)引脚测量的电压即为电池电压的 0.33 倍。所以在测到 ADC 的电压后再除以 0.33 即为电池端的实际电压。

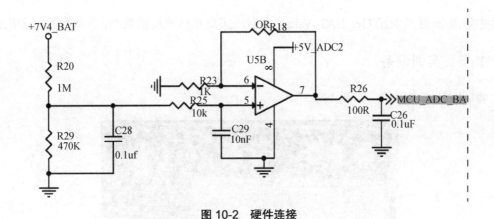

图 10-2　硬件连接

10.5　软件设计

这里只讲解核心部分的代码，有些变量的设置、头文件的包含等可能不会涉及，完整的代码请参考本项目配套的工程。

工程 Drivers 组下 bsp 组中的 adc_driver.c 文件包含封装好的关于 ADC 的 API 函数，编写代码时可以直接调用如下驱动函数：

```
void ADC1_Init( void )；/*ADC 初始化函数，将 ADC 配置为 12bit、右对齐、软件触发模式并将 PC2 配置为模拟输入模式*/
float Get_BAT_Value(void);/*获取电池端的实际电压单位 V*/
u16 Get_Adc_Average( u32 ch, u32 times )/*取 N 次某个通道的 ADC 转换平均值*/
```

App_debug.c 代码如下：

```
static void* Task_Debug( UINT32 uwParam1,
                         UINT32 uwParam2,
                         UINT32 uwParam3,
                         UINT32 uwParam4 )
{
    debug_output_flag = 1;
    debug_printf( "[%s] enter.\r\n", __func__ );
    OSTimeDly( 1000 );
    debug_printf( "\r\n/*******讯方技术股份有限公司************/" );
    debug_printf( "\r\n/*******欢迎使用 NB 实验箱***************/" );
    debug_printf( "\r\n/*******ADC 电压数据采集实训************/" );
    ADC1_Init();

    float value =0;
    for( ;; )
    {
      value=Get_BAT_Value();
      debug_printf("电压值[%f]V\r\n",value);
        OSTimeDly( 2000 );
    }
}
```

在 Task_Debug 函数任务体中首先调用 ADC1_Init()函数初始化 ADC1 模块，然后在循环体中每隔 2s 通过调用 Get_BAT_Value()函数去采集电池电压的数据，并将数据打印出来。

10.6 实训设备

物联网认证实验箱，如图 10-3 所示。

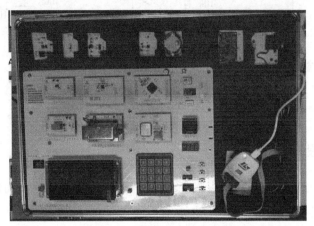

图 10-3 物联网认证实验箱

ST-LINK 仿真器一个，USB 转串口数据线一条，如图 10-4 所示。

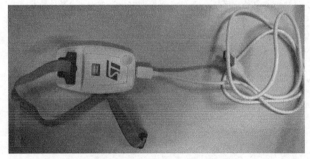

图 10-4 ST-LINK 仿真器

设备连接，如图 10-5 所示，一端连接实验箱，另一端连接 PC 的 USB 接口。

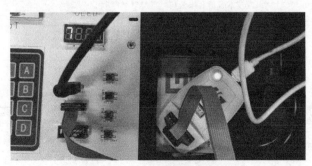

图 10-5 USB 转串口数据线

任务实训

步骤 1：启动 IAR，打开 "LiteOS 系统应用与开发实训\03 实训源码\实训十二" 和 "基于 LiteOS 的 AD 转换实训\IOT_NB_ADC\Template\EWARM" 下的工程文件 IOT_NB.eww，连接 ST-LINK 仿真和串口线，如图 10-6 所示。

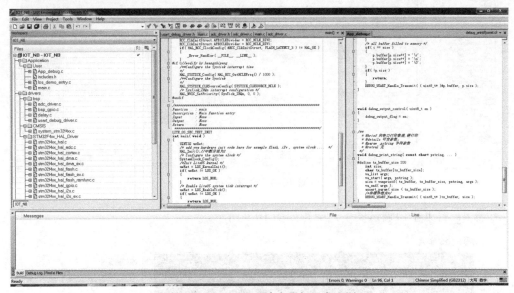

图 10-6　LiteOS 系统应用与开发实训

步骤 2：单击 "Make" 按钮编译后再单击 "Download and Debug" 按钮，如图 10-7 所示。

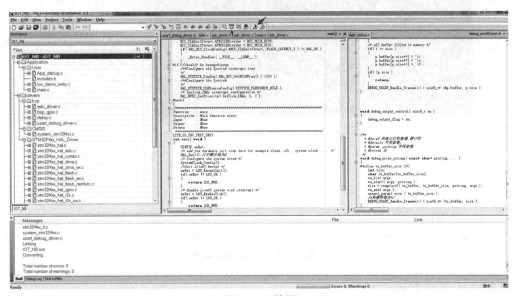

图 10-7　编译

步骤3：单击"全速运行"按钮，如图10-8所示。

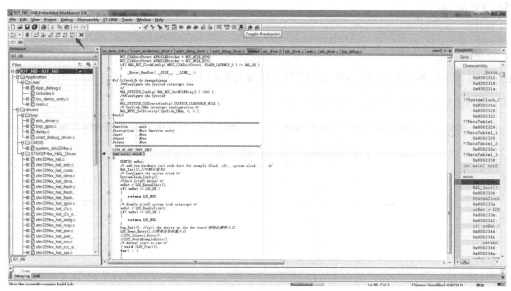

图 10-8　全速运行

步骤4：打开串口调试助手，配置如图10-9所示。

图 10-9　打开串口调试助手

步骤5：实训验证。

（1）发现串口助手每隔2s打印电压数据。

（2）验证完毕后，退出仿真界面，关闭 IAR 软件；关闭硬件电源，整理桌面，至此，实训完毕。

思考题

1. 阅读《STM32F4xx 中文参考手册》ADC 章节，如果设置分辨率为 6 位、8 位，输入电量该如何计算？

2. 简单描述数据转换的原理。

项目 11　基于 LiteOS 的 GPS 模块通信
设计

 教学导航

本项目首先从 GPS 的 TGM332D-5N-31 定位模组特性出发，介绍 NMEA-0183 协议及数据格式、解码库，让学生熟练 GPS 定位模块的开发方法、熟悉 NMEA 协议和解码库的使用，引导学生进行实训环境搭建，能调用 NMEA 库解析 GPS 发送过来的数据。实训中采用中科微电子公司的 ATGM332D-5N-31 定位模组，该模块具有高性能、低功耗、支持北斗双模定位，快速搜星精准定位效果，非常适合高性能、低功耗的应用场合。该模块操作简单只需通过串口向 MCU 发送 GPS 及北斗定位信息。

知识目标	1. 了解 NMEA-0183 协议 2. 熟悉 NMEA 解码库 3. 熟练掌握 GPS 定位模块的开发方法 4. 熟悉 NMEA 协议和解码库的使用
能力目标	1. 能调用 NMEA 库解析 GPS 发送上来的数据 2. 能根据解析 GPS 的数据，得到位置信息经纬度
重点、难点	解析 GPS 的数据获取信息经纬度
推荐教学方式	了解 TGM332D-5N-31 定位模组特性，熟悉 GPS 定位模块的开发方法。引导学生动手编写，加深理解
推荐学习方式	认真完成实训任务，注重理论与实践的结合。重点掌握调用 NMEA 库解析 GPS 发送过来的数据的方法，并能根据解析 GPS 的数据，得到位置信息经纬度。独立进行实训的开发，能够在 LiteOS 平台上进行核心主控板和 GPS 模块通信实训

知识准备

11.1　ATGM332D 模块

11.1.1　ATGM332D–5N–31 定位模组特性

ATGM332D-5N-31 定位模组特性如表 11-1 所示。

表 11-1　定位模组产品特性

特性	说明
基本功能	三维位置（经纬度，海拔）、测速、授时

续表

特性	说明
导航系统	GPS、北斗（双模），支持辅助 GNSS
测速精度	<0.1m/s
授时精度	<0.5 度
射频通道数目	支持全星座北斗 BDS、GPS 同时接收
串口	预留 TTL 电平标准的串口，支持使用 3.3V 电平标准的通信系统 支持传输速率：4800、9600(默认)、115200bps,
定位时间	冷启动:<= 32s；热启动：<=1s

说明：

冷启动：定位模块在完全无任何数据的状态下启动。比如，初次使用、电池耗尽导致星历和年历丢失、关机状态下将接收机移动 1000km 以上的距离。

热启动：定位模块启动时仍然拥有有效的星历和年历，与上次关机位置相同，而且备份电池还在供电（一般为 2 小时）。

11.1.2　NMEA–0183 协议

ATGM332D 模块通过 TTL 串口输出定位数据信息,这些信息默认采用 NMEA-0183 4.0 协议，输出到 MCU，MCU 解析定位数据得到坐标。

NMEA 是美国国家海洋电子协会（National Marine Electronics Association）为海用电子设备制定的标准格式，目前已经成为 GPS 导航设备统一的 RTCM 标准协议，本模块使用的 NMEA 4.0 版本协议支持 GPS、北斗、海格纳斯等定位系统。NMEA-0183 是一套定义接收机输出的标准信息，有几种不同的格式，每种格式都是独立相关的 ASCII 格式，使用逗号隔开数据，数据流长度从 30～100 字符不等，通常以每秒间隔选择输出，最常用的格式为 "GGA"，它包含了定位时间、纬度、经度、高度、定位所用的卫星数、DOP 值、差分状态和校正时段等，其他的有速度、跟踪、日期等。NMEA 实际上已成为所有的定位接收机中最通用的数据输出格式，如图 11-1 所示。

```
$GNGGA,,,,,,0,00,25.5,,,,,,*64
$GNGLL,,,,,,V,M*79
$GPGSA,A,1,,,,,,,,,,,,,25.5,25.5,25.5*02
$BDGSA,A,1,,,,,,,,,,,,,25.5,25.5,25.5*13
$GPGSV,1,1,00*79
$BDGSV,1,1,00*68
$GNRMC,,V,,,,,,,,,,M*4E
$GNVTG,,,,,,,,,M*2D
$GNZDA,,,,,,*56
$GPTXT,01,01,01,ANTENNA OPEN*25
```

图 11-1　数据输出

11.1.3　NMEA–0183 数据格式说明

定位模块使用 NMEA 协议输出的原始数据，如表 11-2 所示。

表 11-2　NMEA 协议输出的原始数据

起始标志符	地址段	数据段	校验和字段	结束符
$ 每条语句以 "$" 开始	分为发送器标识符和语句类型	以 ","开始，后面的数据值长度可变或定长	对 "$" 和 "*" 之间的数据按字节进行异或运算的结果，用十六进制格式表示	<CR><LF>，每条语句以换行符结束
示例	\$GNZDA,012840.000,14,01,2018,00,00*47			
$	GNZDA	,012840.000,14,01,2018,00,00	*47	<CR><LF>
语句开始	发送器标识符: GN 语句类型为: ZDA	ZDA 语句主要表示时间和日期信息，此处表示：2018 年 01 月 14 日 01 时 28 分 40 秒 000 毫秒	校验和为 47	语句结束

NMEA 语句的数据段为信息主体，不同类型的语句用于传输不同类型的定位信息，其语句类型又分为两部分，如 GNZDA 前面两个字符 GN 用于区分定位系统，其他类型的还有中国北斗（BD）、美国 GPS（GP）、俄罗斯 GLONASS（GL），如表 11-3 所示。

表 11-3　标识符一览表

发送器	标识符
北斗导航卫星系统（BDS）	BD
全球定位系统（GPS、SBAS、QZSS）	GP
全球导航卫星系统（GLONASS）	GL
全球导航卫星系统（GNSS）	GN
自定义信息	P

其中 GN 标识符比较特殊，当发送器具有多模功能时（即同时支持一个以上的定位系统），系统会把各系统的信息整合、处理后，使用 GNZDA 语句再把这些综合信息采用 GN 作为标识符发送出来，如前面的时间日期信息。在这样的系统中，GP、BD 等标识符仅用于表示对应系统的卫星信息，如 GPGSA 和 BDGSA 语句分别用于表示美国 GPS 系统和北斗系统的卫星信息。

NMEA-0183 协议定义的语句非常多，但是常用的或者说兼容性最广的语句只有 GGA、RMC、VTG、GLL、ZDA、GSA、GSV 等。下面给出这些常用 NMEA-0183 语句的字段定义解释，如表 11-4 所示。详细定义请参考官方资料《CASIC 多模卫星导航接收机协议规范》。

表 11-4 NMEA-0183 语句的字段定义

命令	说明
GGA	全球定位数据
RMC	推荐最小数据
VTG	地面速度信息
GLL	大地坐标信息
ZDA	UTC 时间和日期
GSA	卫星 PRN 数据
GSV	卫星状态信息

11.1.4 NMEA 解码库

了解了 NMEA 格式之后，我们就可以编写相应的解码程序了，而程序员 Tim (xtimor@gmail.com)提供了一个非常完善的 NMEA 解码库，在以下网址中可以下载到：http://nmea.sourceforge.net/，可以直接使用该解码库。本项目提供工程文件中该解码库的源码。

11.2 实训目的

1. 熟练掌握 GPS 定位模块的开发方法。

2. 熟悉 NMEA 协议和解码库的使用。

11.3 实训内容

调用 NMEA 库解析 GPS 发送过来的数据，得到位置信息经纬度。

11.4 硬件设计

其连接示意图如图 11-2 所示。GPS 模组经过串口连接到 CH438 芯片上，通过 CH438 将数据发送给 51 单片机，最后 51 单片机通过 SPI 方式将数据转发到 STM32F411 上。

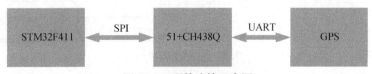

图 11-2 硬件连接示意图

CH438 是一款串口转并口的芯片，支持 8 路串口转并口。

11.5　软件设计

11.5.1　程序流程图

程序流程图如图 11-3 所示。

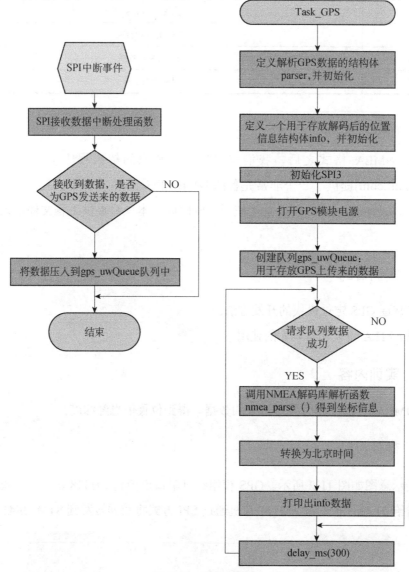

图 11-3　程序流程图

11.5.2　重要源码分析

这里只讲解核心部分的代码，有些变量的设置、头文件的包含等可能不会涉及，完整的代码请参考本项目配套的工程。

为了使工程更加有条理，我们把按键控制相关的代码独立分开存储，方便以后移植。在本项目工程 Drivers 组下的 BSP 组中添加 nmealib 文件夹，该文件夹包含了 NMEA 解码库的所有源文件。该文件夹下对于应用层主要有 parser.c 文件：

nmea_parser_init(nmeaPARSER *parser)初始化 parser 结构体；

int nmea_parse(nmeaPARSER *parser,const char *buff, int buff_sz, nmeaINFO *info)

该函数将 GPS 上传的数据转化为 info 结构数据。

输入：parser 为结构体指针，buff 指向解析数据的内存，info 为转化之后的位置坐标结构体。

```
typedef struct _nmeaINFO
{
    int      smask;         /**< Mask specifying types of packages from which data have been obtained */

    nmeaTIME utc;           /**< 当地时间*/

    int      sig;           /**GPS 信号*/
    int      fix;           /**< Operating mode, used for navigation (1 = Fix not available; 2 = 2D; 3 = 3D) */
    double   PDOP;          /**三维位置精度因子：为纬度、经度和高程等误差平方和的开根号值*/
    double   HDOP;          /**水平分量精度因子：为纬度和经度等误差平方和的开根号值 */
    double   VDOP;          /**垂直分量精度因子 */

    double   lat;           /**纬度 */
    double   lon;           /**经度*/
    double   elv;           /**< 海拔高度*/
    double   sog;           /**< 数值 对地速度，单位为节 */
    double   speed;         /**< 速度 km/h*/
    double   direction;     /**< Track angle in degrees True */
    double   declination;   /**< Magnetic variation degrees (Easterly var. subtracts from true course) */
    char     mode;          /**< 字符 定位模式标志 (A = 自主模式, D = 差分模式, E = 估算模式, N = 数据无效) */
    nmeaSATINFO satinfo;    /**< GPS 卫星信息*/
    nmeaSATINFO BDsatinfo;  /**北斗卫星信息*/

        int txt_level;
        char *txt;

} nmeaINFO;
```

App_gps.c 代码如下：

```
#include "includes.h"
static void * Task_GPS(UINT32 uwParam1,
                UINT32 uwParam2,
                UINT32 uwParam3,
                UINT32 uwParam4)
{
    UINT32 uwRet = 0;
    int gps_struct_p;

    double deg_lat;/*转换成[degree].[degree]格式的纬度*/
    double deg_lon;/*转换成[degree].[degree]格式的经度*/
```

```
    nmeaINFO info; /*GPS 解码后得到的信息*/
    nmeaPARSER parser; /*解码时使用的数据结构   */

    nmeaTIME beiJingTime;      /*北京时间*/

    /* 设置用于输出调试信息的函数 */
    nmea_property()->trace_func = &trace;
    nmea_property()->error_func = &error;
    nmea_property()->info_func = &gps_info;

    /* 初始化 GPS 数据结构 */
    nmea_zero_INFO(&info);
    nmea_parser_init(&parser);


    SPI3_Init();/*初始化 SPI3*/
    set_GPS_POW_Ctrl(1);/*打开 GPS 模块电源*/

    /*创建队列*/
    uwRet = LOS_QueueCreate("GPS_queue", 2, &gps_uwQueue, 0, 40);
    if(uwRet != LOS_OK) debug_print_string("create GPS_queue failure!,error:%x\n",uwRet);
    else debug_print_string("create the GPS_queue success!\n");
    debug_printf["[%s] enter.\r\n", __func__);
    SPI3_Send_Packet(4,4,"打开通道",2);

    for(;;)
    {
        uwRet = LOS_QueueRead(gps_uwQueue, &gps_struct_p, 10, 10);
        if(uwRet != LOS_OK)/*未接收到 GPS 数据*/
        {

        }
        else/*接收到 GPS 数据*/
        {
         LOS_TaskLock();
         nmea_parse(&parser, (const char*)((gps_struct_t   * )gps_struct_p)->data,
                                    ((gps_struct_t   * )gps_struct_p)->size, &info);
            /* 对解码后的时间进行转换，转换成北京时间 */
            GMTconvert(&info.utc,&beiJingTime,8,1);

            deg_lat = nmea_ndeg2degree(info.lat);/*纬度*/
            deg_lon = nmea_ndeg2degree(info.lon);/*经度*/
            LOS_TaskUnlock();

            delay_ms(10);

            /* 输出解码后得到的信息 */
            debug_printf("\r\n 时间%d-%02d-%02d,%d:%d:%d", beiJingTime.year+1900, beiJingTime.mon,beiJingTime.day,
beiJingTime.hour,beiJingTime.min,beiJingTime.sec);
            debug_printf("\r\n 纬度: %f,经度%f",deg_lat,deg_lon);
            debug_printf("\r\n 海拔高度: %f 米 ", info.elv);
            debug_printf("\r\n 速度: %f km/h ", info.speed);
            debug_printf("\r\n 航向: %f 度", info.direction);
            debug_printf("\r\n 正在使用的 GPS 卫星: %d,可见 GPS 卫星: %d",info.satinfo.inuse,info.satinfo.inview);
```

```
            for(u8 i=0;i<info.satinfo.inview;i++)
            {
                debug_printf("\r\n 可见 GPS 卫星编号：%d,可见 GPS 卫星信号强度：%d ", info.satinfo.sat[i].id,info.satinfo.
sat[i].sig);
            }
            debug_printf("\r\n 正在使用的北斗卫星：%d,可见北斗卫星：%d",info.BDsatinfo.inuse,info.BDsatinfo.inview);
            for(u8 i=0;i<info.BDsatinfo.inview;i++)
            {
                debug_printf("\r\n 可见 BD 卫星编号：%d,可见 BD 卫星信号强度：%d ", info.BDsatinfo.sat[i].id,info.
BDsatinfo.sat[i].sig);
            }
            debug_printf("\r\nPDOP：%f,HDOP：%f, VDOP：%f",info.PDOP,info.HDOP,info.VDOP);

            ((gps_struct_t    * )gps_struct_p)->size = 0;
            ((gps_struct_t    * )gps_struct_p)->flag = 0;

                    }
            delay_ms(300);
        }
    }
```

11.6　实训设备

物联网认证实验箱，如图 11-4 所示。

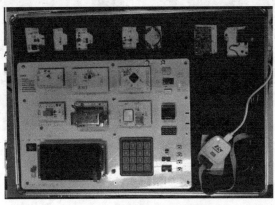

图 11-4　物联网认证实验箱

ST-LINK 仿真器一个，如图 11-5 所示，GPS 天线一根，如图 11-6 所示。

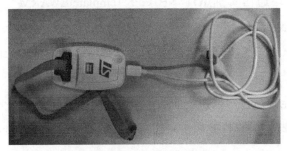

图 11-5　ST-LINK 仿真器

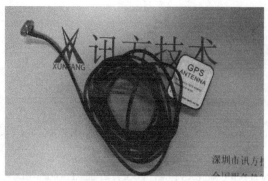

图 11-6 GPS 天线

设备连接，如图 11-7 所示。

图 11-7 设备连接

任务实训

步骤 1：启动 IAR，打开"LiteOS 系统应用与开发实训\03 实训源码\实训十三"和"核心主控板与 GPS 模块通信实训\IOT_NB_GPS\Template\EWARM"下的工程文件 IOT_NB.eww，连接 ST-LINK 仿真和串口线，如图 11-8 所示。

步骤 2：单击"Make"按钮编译后，再单击"Download and Debug"按钮，如图 11-9 所示。

步骤 3：单击"全速运行"按钮，如图 11-10 所示。

步骤 4：GPS 天线，如图 11-6 所示，注意天线一定要放置在室外，否则无法获取到有效的定位数据。

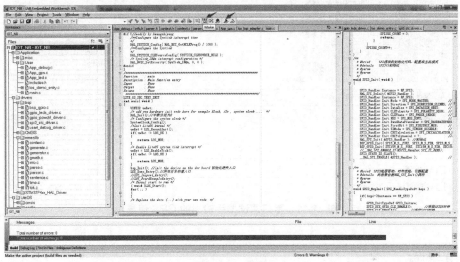

图 11-8 打开 LiteOS 系统应用与开发实训

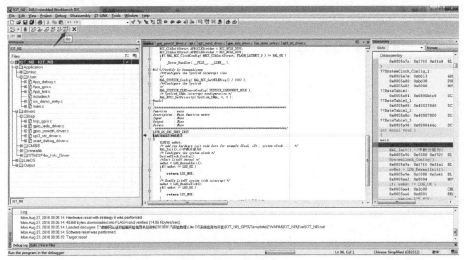

图 11-9 编译

图 11-10 全速运行

步骤 5：实训验证。

（1）观察串口调试助手输出的 GPS 信息，如图 11-11 所示。

（2）验证完毕后，退出仿真界面，关闭 IAR 软件；关闭硬件电源，整理桌面，至此，实训完毕。

图 11-11 串口调试助手输出的 GPS 信息

📚 思考题

1. GSM 模块是如何工作的？

2. 是什么原因导致系统中断通信的？

项目 12　　基于 LiteOS 的迪文屏显示设计

教学导航

本项目通过 LiteOS 操作系统的操作，让学生亲身实践和体验 5 寸串口屏显示操作，加深学生对 LiteOS 操作系统的认知。从基础到深入，由认知到实践，分步教学。引导学生了解迪文屏的开发方法，熟悉 5 寸串口屏显示方法，使学生学会屏幕界面的设计、实现将数据通过串口传输到 5 寸串口屏显示。

知识目标	1. 熟悉掌握迪文屏的开发方法 2. 熟悉开发软件的使用 3. 熟悉串口数据在屏幕显示方法
能力目标	1. 掌握 5 寸串口屏显示的方法及软件使用方法 2. 能设计屏幕界面 3. 能实现将数据通过串口传输到 5 寸串口屏显示
重点、难点	屏幕界面的设计及串口显示的实现
推荐教学方式	了解 LiteOS 操作系统的操作，让学生亲身实践和体验 LiteOS 操作系统的串口屏显示实践。要引导学生动手绘制软件流程图，加深理解。引导学生对重要源码进行分析，理解其中的设计原理
推荐学习方式	认真完成每个实践，注重理论与实践的结合。要自己亲自动手去绘制和思考软件流程图，要加强理解关键程序代码，每次操作都要认真去调试

本实验箱采用的是北京迪文科技有限公司（以下简称迪文科技）的迪文串口显示屏，型号为 DMT85480C050_07W。该屏幕需要我们对其进行二次开发，放入我们自己的一些元素。本节介绍串口显示屏的使用方法及如何通过串口的形式将数据显示到迪文屏上。

知识准备

12.1　T5UID2 软件平台

T5UID2 是迪文科技基于 T5 CPU 开发的低成本高分辨率 DGUS II 软件平台。

T5UID2 软件平台主要特点包括：

（1）基于 T5 双核 CPU，GUI 和 OS 核均运行在 250MHz 主频，功耗极低。

（2）256MB Flash，其中 192MB 用于图片存储器。

（3）最大 64MB 字库空间，其中后 32MB 为字库和音乐空间复用。

（4）最大 256 段（每段 2.048 秒），支持 32kHz 16B WAV 格式高品质音乐播放。

（5）拥有 320KB Nor Flash 用户数据库。

（6）拥有 128KB 数据变量空间。

（7）支持字库、音乐、图标和应用软件的更新。

（8）支持 JPEG 图片解压缩更新图片。

（9）支持标准 T5 DWIN OS 平台。

（10）每页最多有 255 个显示变量。

（11）支持最大 1023×1023 的图标显示。

（12）显示变量可以在应用中开启、关闭或修改，实现复杂的显示组合功能。

（13）触控指令可以在应用中开启、关闭或修改，实现复杂的触控组合功能。

（14）支持 SD 接口下载和配置。

（15）内置 RTC。

12.1.1　触控变量

触控变量如表 12-1 所示。

表 12-1　触控变量

序号	触控键码	功能	用户变量长度（字，Word）	说明
01	00	变量数据录入	1/2/4	录入整数、定点小数等各种数据到指定变量存储空间
02	01	弹出菜单选择	1	单击触发一个弹出菜单，返回菜单项的键码
03	02	增量调节	1	单击按钮，对指定变量进行+/-操作，可设置步长和上下限设置 0~1 范围循环调节可以实现栏目复选框功能
04	03	拖动调节	1	拖拉滑块实现变量数据录入，可设置刻度范围
05	05	按键值返回	1	单击按键，直接返回按键值到变量，支持位变量返回
06	06	文本录入	最大 127	ASCII 或 GBK 汉字文本方式录入文本字符，录入过程支持光标移动、编辑可以设置在（VP-1）位置保存输入状态和录入长度
07	08	触摸屏按压状态数据返回	用户定义	单击触摸屏，按照规定返回数据到变量不支持返回到串口模式，但可以配置触控数据自动上传来实现
08	0A	滑动（手势）调节	2	根据指定区域 X 轴或 Y 轴方向触摸屏滑动，实时返回相对调节值配合数据窗口指示显示变量，可以实现动态滚字调节VP 保留，返回数据在（VP+1）位置
09	0B	滑动（手势）翻页	无	根据指定区域 X 轴方向触摸屏滑动，实现页面动态拽动可以设置页面切换的目标、区域，当前页面的变量显示会跟随拖动

12.1.2　串口通信协议

系统调试串口 UART2 模式固定为 8N1，波特率可以设置，数据帧由 5 个数据块组成，串口通信如表 12-2 所示，串口通信协议如表 12-3 所示。

表 12-2　串口通信

数据块	1	2	3	4	5
定义	帧头	数据长度	指令	数据	CRC 校验（可选）
数据长度	2	1	1	N	2
说明	0x5AA5	包括指令、数据、校验	0x80/0x81/0x82/0x83		
举例（无校验）	5A A5	04	83	00 10 04	
举例（带校验）	5A A5	06	83	00 10 04	25 A3

表 12-3　串口通信协议

指令	数据		说明
0x80	下发：寄存器页面（0x00～0x08）+寄存器地址（0x00～0xFF）+写入数据		指定地址开始写数据串到寄存器
	应答：0x4F 0x4B		写应答指令
0x81	下发：寄存器页面 0x00～0x08+寄存器地址（0x00～0xFF）+读取数据字节长度（0x01～0xFB）		从指定寄存器开始读数据
	应答：寄存器页面 0x00～0x08）+寄存器地址（0x00～0xFF）+数据长度+数据		数据应答
0x82	下发：变量空间首地址（0x0000～0xFFFF）+写入的数据		指定地址开始写数据串（字数据）到变量空间，系统保留的空间不要写
	应答：0x4F～0x4B		写指令应答
0x83	下发：变量空间首地址（0x0000～0xFFFF）+读取数据字节长度（0x01～0x7D）		从变量空间指定地址开始读指定长度字数据
	应答：变量空间首地址+变量数据字节长度+读取的变量数据		数据应答

串口发送数据举例：向某个地址写入数据（0X82），例如，5A A5 05 82 00 00 00 64，如表 12-4 所示。

表 12-4　串口发送数据

5A	A5	05	82	00	00	00	64
		长度	指令码	变量 VP_H	变量 VP_L	数据内容	数据内容

从表 12-4 中可以看出帧头以 5AA5 开头，紧跟着数据长度 05（从指令码到数据内容），变量地址分为高字节和低字节，数据内容也分为高字节和低字节。十六进制 64 代表十进制 100。

12.1.3　SD 卡文件介绍

T5UID2 的 SD/SDHC 接口支持文件的下载和更新，如表 12-5 所示。

表 12-5　SD 卡文件介绍

文件类型	命名规则	说明
底层程序	T5UID2*.BIN	GUI 底层程序
	T50S_V*.BIN	通用的 T5 OS 平台底层程序
DWIN OS 程序	DWIN0S*.BIN	DWIN 0S 程序，代码必须从 0x1000 开始

文件类型	命名规则	说明
NOR Flash 数据库	ID+(可选的)文件名.LIB	每个 ID 对应 2KWords 存储器，ID 取值范围为 0～79。数据库位于片内 NOR Flash 中，大小为 160KWords，可以用于用户数据或者 DWIN OS 程序库文件保存
字库文件	字库 ID+(可选的)文件名。BIN/HZK/DZK	TS3 字库提取软件生成
DGUS 输入法文件	12*.BIN	固定存储在 12 字库位置
DGUS 触控文件	13*.BIN	固定存储在 13 字库位置，文件不能超过 32KB
DGUS 变量文件	14*.BIN	固定存储在 14～17 字库位置
DGUS 变量初始化文件	22*.BIN	固定存储在 22 字库位置，加载 0x2000～0x1FFFF 地址的内容去初始化 0x1000～0xFFF 的变量空间
图标文件	图标字库 ID+(可选的)文件名.ICO	迪文工具软件生成，保存在字库空间
音乐文件	音乐存储 ID+(可选的)文件名.WAV	32kHz 16B WAV 格式，保存在音乐库空间
BMP 图片文件	图片存储 ID+(可选的)文件名.BMP	下载必须使用 24B 真彩色格式。和其他 DGUS 屏不同，下载过程图片不显示以提升下载速度
硬件配置文件	T5UID2*.CFG	

DWIN SET 文件夹下，可以结合图 12-1 与文件目录中的相关配置文件来加深理解。

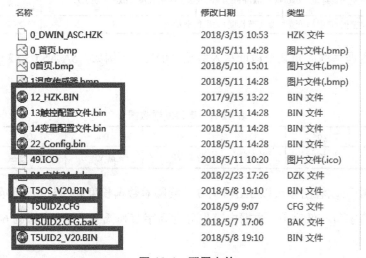

图 12-1　配置文件

12.2　迪文屏开发软件介绍

本实训所用到的迪文屏是使用 DGUS Tool V7.30 版本的软件进行开发的，迪文屏的版本很多，针对这款屏幕我们使用 7.3 版本的软件，其启动如图 12-2 所示，菜单界面如图 12-3 所示。

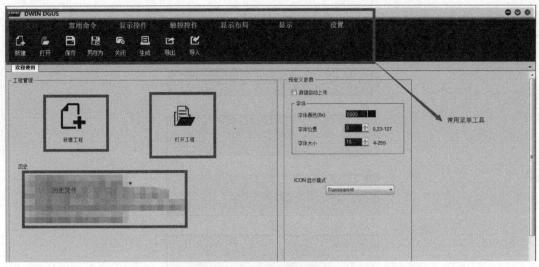

图 12-2　软件启动界面

图 12-3　菜单界面

12.3　实训目的

1. 熟练掌握迪文屏的开发方法。

2. 熟悉开发软件的使用。

3. 熟悉串口数据在屏幕显示方法。

12.4　实训内容

1. 学习 5 寸串口屏显示方法及软件使用方法。

2. 设计屏幕界面。

3. 利用 LiteOS 操作系统实现将数据通过串口传输到 5 寸串口屏显示。

12.5　软件设计

使用迪文屏开发工具，添加图片，在屏幕上设计要显示的数据及区域。

首先，先制作一张尺寸 854px×480px 的图片，将图片格式改为 BMP，打开开发软件工具将图片导入到工程中去。其次，要在软件中添加文本显示控件，设置该控件的地址变量。最后通过串口助手测试该位置的文本显示是否正常，可以通过串口发送命令的形式来测试，测试成功之后我们再用 STM32F411 主控板通过串口的形式发送数据到串口屏相应的位置进行显示。迪文屏开发流程图如图 12-4 所示。

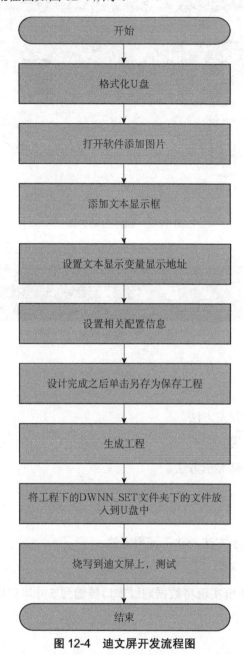

图 12-4　迪文屏开发流程图

12.6　实训设备

物联网认证实验箱，如图 12-5、图 12-6 所示。

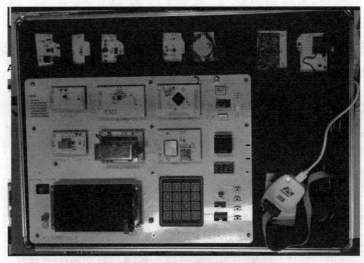

图 12-5　实验箱

图 12-6　5 寸串口屏

任务实训

步骤 1：迪文屏开发步骤。

1. 格式化 U 盘

将我们配套的 SD 卡通过读卡器连接到计算机上。第一次使用 SD 卡时，需要格式化 SD 卡。

（1）首先按 WIN+R 快捷键，启动运行界面，如图 12-7 所示。

图 12-7　启动运行界面

输入 cmd 进入命令行模式。

（2）输入指令 format/q k:/fs:fat32/a:4096。其中 k 是盘符（盘符根据自己的计算机进行选择），如图 12-8 所示。

图 12-8　格式化 U 盘

如果出现上述图片中的信息证明格式化完成，如果没有成功，则需要按照上面的步骤继续格式化 U 盘。

格式化完成之后，在 U 盘中创建 DWIN_SET 文件夹，以便我们后续烧录程序使用。

2. 打开迪文屏开发软件添加图片

（1）打开软件 DGUS Tool V7.30，如图 12-9 所示。

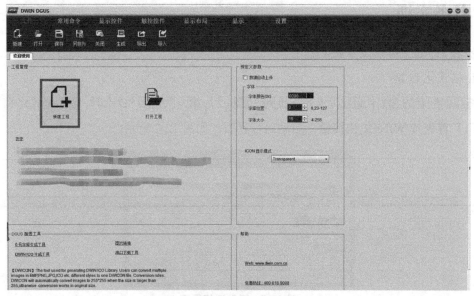

图 12-9　打开软件 DGUS Tool V7.30

单击"新建"→"工程",打开"屏幕属性设置"对话框如图 12-10 所示。

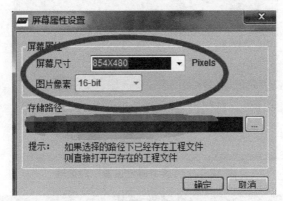

图 12-10　"屏幕属性设置"对话框

这里要注意,我们使用的屏幕大小是 854px×480px,如果没有该分辨率,需要我们手动修改,修改 Terminal.ini 文件如图 12-11 所示。

图 12-11　手动修改

找到软件的存放目录,在 Config 文件夹下,用记事本打开 Terminal.ini,修改里面的分辨率,如图 12-12 所示。

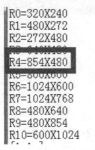

图 12-12　存放目录

修改成功之后我们再重新打开软件,在"屏幕尺寸"下拉列表中选择相关分辨率,单击"存储路径"按钮,自己选择一个路径,设置后单击"确定"按钮,如图 12-13 所示。打开的设计界面如图 12-14 所示。

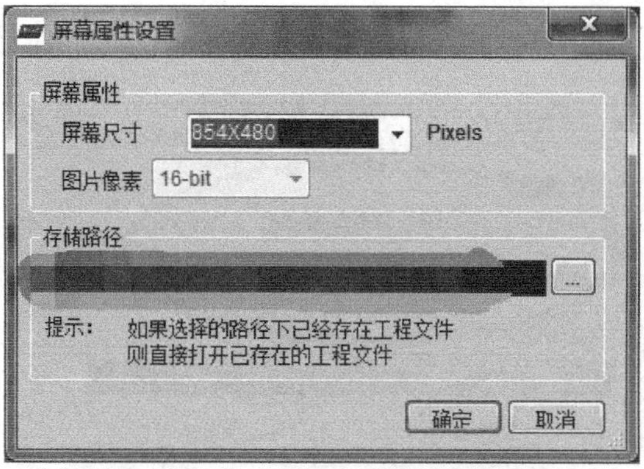

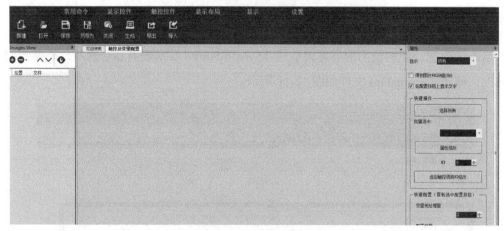

图 12-13　"屏幕属性设置"对话框

图 12-14　设计界面

单击左边的加号，进行图片的添加，如图 12-15 所示。

图 12-15　添加图片

找到实训路径下的图片素材，该素材是 BMP 格式的。添加图片时需要将图片分辨率改为 854×480，同时保存为 BMP 格式。添加好之后，保存图片如图 12-16 所示。

3. 设置文本显示变量及显示地址

（1）单击"显示控件"→"文本显示"命令，如图 12-17 所示。

图 12-16　保存图片

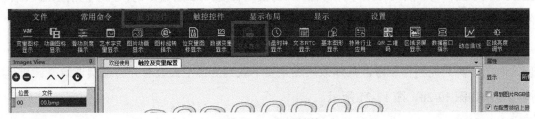

图 12-17　显示控件

（2）添加文本显示控件，对文本控件变量地址配置相关参数，如图 12-18、图 12-19 所示。

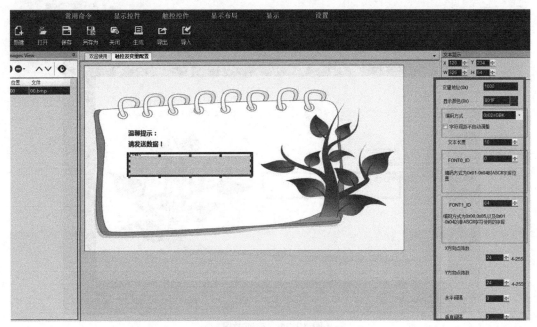

图 12-18　添加文本显示控件

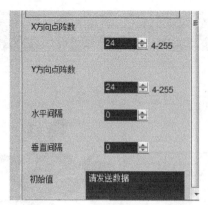

图 12-19　添加文本显示控件，修改参数

　　这里配置的信息用于我们核心板 STM32F411 向这个地址发送数据，格式如（5A A5 05 82 10 00 31 32），其中，5A A5 为帧头；05 为数据长度；82 为指令码；10 00 为图 12-18 中的变量地址；31 为"1"的 ASCII 码值；32 为"2"的 ASCII 码值。

　　设置好之后单击"保存"按钮，也可以单击显示中的"从头开始预览"按钮模拟仿真，但此时的仿真只能当作参考，具体效果还是要下载到屏幕中去查看并验证实训效果。仿真操作方法如图 12-20、图 12-21 所示。

图 12-20　模拟仿真

图 12-21　实训效果

4. 设计完成之后单击"另存为"按钮保存工程

由于我们的屏幕是竖屏显示的，而认证实验箱的迪文显示屏是横屏显示的，所以在保存时需要单击"另存为"按钮，在打开的"提示"对话框中单击"否"按钮，具体操作如图 12-22 所示。

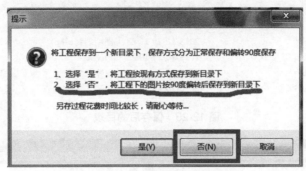

图 12-22　"提示"对话框

保存成功之后图片方向发生了变化，不必惊慌，这是正常现象，如图 12-23 所示。

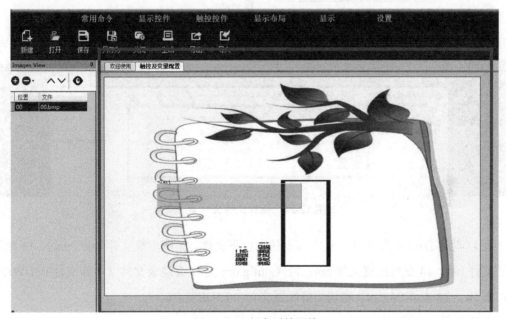

图 12-23　保存后的图片

5. 生成工程

单击"生成"按钮，生成配置信息，如图 12-24 所示。

找到文件夹下的 DWIN_SET 目录可以查看到相关文件，如图 12-25 所示。

6. 将文件存入 U 盘

将 DWIN_SET 文件夹中的所有文件放到 U 盘中，如图 12-26 所示。

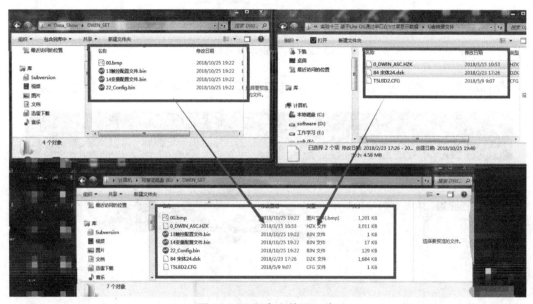

图 12-24　生成工程

名称	修改日期	类型	大小
00.bmp	2018/10/25 19:22	图片文件(.bmp)	1,201 KB
13触控配置文件.bin	2018/10/25 19:22	BIN 文件	1 KB
14变量配置文件.bin	2018/10/25 19:22	BIN 文件	17 KB
22_Config.bin	2018/10/25 19:22	BIN 文件	129 KB

图 12-25　保存后的目录

图 12-26　保存文件至 U 盘

在 U 盘的 DWIN_SET 文件夹中需要放入以下文件：工程生成文件（00.bmp）、13 触控配置文件.bin、14 变量配置文件.bin、22_Config.bin 及 U 盘烧录文件（字库文件 0_DWIN_ASC.HZK、84 宋体 24.dzk）和迪文屏配置文件（T5UID2.CFG）。

7. 烧写程序并测试

迪文屏通过 SD 卡的方式将文件烧录到迪文屏内部。烧录时一定要注意 SD 卡的插入方向，要让金手指朝上，带金属的一面要面对迪文屏的 PCB，如图 12-27 所示。

这个 SD 卡的卡座设置了自锁功能，插好之后会听见"啪咔"一声，证明插好了，然后给实验箱上电。上电之后约 2～3 秒钟，迪文屏开始烧写程序，如图 12-28 所示。

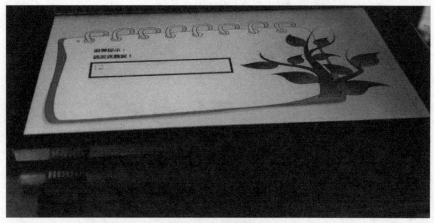

图 12-27 烧写程序

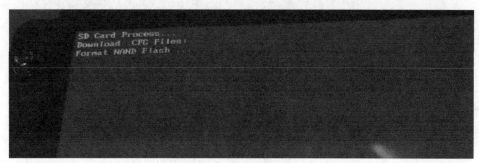

图 12-28 烧写程序

烧写完成会在屏幕的左上方出现"SD Card Process... END !"等提示,如图 12-29 所示。

图 12-29 烧写完成

烧写成功之后,将实验箱上的电源重新上电,迪文屏上会出现刚刚设置好的图片,证明我们操作成功了。

步骤 2:实训验证。

通过单片机向迪文屏发送数据,迪文屏收到数据会在文本框中显示发送的内容,如单片机发送"12",迪文屏上会显示出 12 字样,如图 12-30 所示。

图 12-30 实训验证结果

思考题

1. 如何添加按钮单击控件，实现按钮单击效果？

2. 如何进行程序烧写？

参 考 文 献

［1］戴博，袁弋非，余媛芳．窄带物联网（NB-IoT）标准与关键技术［M］．北京：人民邮电出版社，2016.

［2］王宜怀．窄带物联网 NB-IoT 应用开发共性技术［M］．北京：电子工业出版社，2019.

［3］https://liteos.github.io/